全面改訂版　まずはこの一冊から

意味がわかる統計学

石井俊全 著

ベレ出版

はじめに

　統計学という言葉を聞くと、あなたは何を思い浮かべますか？ 棒グラフや円グラフ、または統計表が頭をよぎるかもしれません。しかし、統計学はそれだけではありません。

　統計学は、我々が生活する世界を理解し、解釈するための鍵であり、それは、驚くほど素晴らしい冒険にあなたをいざなってくれます。

　統計学は、私たちが日々の生活の中で直面する問題や、科学的な探求を行なう際に用いる重要なツールです。それは、データの背後にあるパターンや関係性を見つけ出す手助けをしてくれます。そして、それらのパターンや関係性から、未来を予測したり、問題解決のための策を立てたりすることが可能になります。

　歴史を紐解けば、統計は国家の実情（人口、経済）を把握する資料を作成することから始まりました。英語では統計学は statistics ですが、これは state に由来します。しかし、データを整理し、表現するだけであれば、科学ではありません。

　20世紀初頭、統計学は確率論と結びついて、現象を解析する手法を編み出しました。その手法が、農場試験場で開発された「検定」です。このとき、統計学は科学の手法となりました。カール・ピアソン曰く、「統計学は科学の文法」なのです。

　「検定」は、私たちが観察した結果が偶然に起こったのか、それとも何か特定のパターンやメカニズムが働いているのかを判断するための手段です。「検定」を理解し、適切に用いることで、私たちはより強固な結論を導き出し、真実に近づくことができます。

　「検定」は、農作物の品種改良（農業）、新薬の開発（医学）、工場の製品管

理(工学)、家庭環境と年収の関係(教育経済学)、顧客管理の最適化(経営学)、…など幅広い分野の研究において基本的な手法となっています。科学の発達により便利な生活を享受している私たちは、「検定」の多大な恩恵を受けているといえるでしょう。

　この本の目的の1つは、あなたが「検定」の原理を理解し、与えられたデータをソフトで解析でき、その結果を解釈できるようになってもらうことです。

　『まずはこの一冊から　意味がわかる統計学』は、2012年に出版してから多くの読者の皆様にご好評いただいておりました。10余年を経て、学生・ビジネスマンにおける統計学の素養の必要性はますます高まっています。

　学生に関していえば、文部科学省が定める小中高の学習指導要領では改定のたびに統計分野の比重が高まり、現在では大学入試の共通テスト「数学Ⅰ・A」で統計分野の問題が必修問題になっています。

　旧版では、1章を読めば統計学のエッセンスである「検定」「推定」の理解まで到達できるように構成を工夫していました。この骨子は変わりませんが、今回は「推定」よりも「検定」を強調して書くことにしました。「検定」の方が使われる場面が多いと考えたからです。

　また、1章では、「検定」「推定」の細かな論理的展開を追いかけていくことよりも、「検定」「推定」の原理の理解、「検定」「推定」における前提と結論の解釈に重点をおいて書き直しました。統計学を道具として使う人は、ここを到達点にすれば十分であると考えたからです。統計学の実践者にとって、統計学のエッセンスを理解し、その力を最大限に引き出すためのガイドとなるでしょう。

　なお、2章では、オーソドックスに数学的な準備をしてから、検定・推定の細かな論理的展開を追っていきます。大学で統計学の講義を取る人、

統計検定 2 級を目指す人はここまで読んでください。

　現代社会では、統計学はますます重要な役割を果たしています。農業、医療、経済など昔からの分野に加え、各種ビジネス戦略の策定、マーケティングの効果分析、製品の品質改善、リスクマネジメント…、様々な分野でその価値を発揮しています。これからは特に、ビッグデータの解析や生成 AI で、統計学は更なる大きな役割を果たしていくでしょう。

　統計学の冒険はここから始まります。データの海を航海し、未知の世界を探求するためのコンパスを手に入れましょう。そして、その旅の果てには、あなたが見つけ出す新たな発見と洞察が待っています。

　それでは、この興奮に満ちた冒険へと一緒に踏み出しましょう。

CONTENTS

第 **1** 章

1 度数分布表、ヒストグラム ……………… 16

2 平均、分散・標準偏差 …………………… 24

この本の特徴

　私は、"大人のための数学教室「和」"という塾で社会人を相手に数学を教えています。ここでは統計の**検定・推定の仕組みや意味がわからないから教えて欲しい**という人が何人も門を叩きます。社会に出てから必要に迫られて、統計学を学ばなければならなくなった方たちです。

　今は、AIが進化しましたから、然るべき言葉を添えてChatGPTにデータを渡せば、検定・推定の計算方法を説明したあと、計算を実行し、結果を文章の形で回答してくれます。しかし、検定・推定の意味をぼんやりとはわかっているものの、なぜそうなるかの仕組みまではよくわからないというのです。仕組みがわからないので、ソフトが出した結果をどのようなスタンスで捉えたらよいのか態度を決めかねる人もいるようです。

　そこでこの本では、統計学のなかでも、検定・推定の概念を理解してもらうことを中心テーマに据えることにしました。

　この本の特徴は、
　「数学が苦手な人でも、検定・推定の本質を1時間で理解できる」
ように書かれていることです。

　そもそもこの本は、300ページ以上もあるのに、1時間で読むことなんてできないんじゃないの、とお考えの向きもあるでしょう。

　1時間で読んでもらうのは、第1章のことなんです。

　この1章を読めば、1時間で検定・推定の本質がわかります。しかも、難しい数学を使わないで。この1章の完成度は自分でもかなりイケてると思っています。この1章だけを切り離して、「1時間で検定・推定がわかる本」と題して出版してもよいぐらいの内容です。表紙に鉢巻をした著者

の顔写真を載せればベストセラーになるでしょう…。

　以下で、「1 時間で検定・推定がわかる」ための 1 章での工夫を紹介して
おきます。

① 中学までの数学しか使わない

　まず、数式による表現は極力省きました。平均、分散・標準偏差の計算
をするにも、まず公式を与えるのではなく、数値計算で例を示してから、
最後に数式を使ってそのまとめをしています。ここで出てくる数学は、平
方根までです。つまり、中学数学で十分にお釣りがくるというわけです。
まとめでも、Σ記号を使わないようにして、ストレスを減らしました。

② 確率変数を用いない

　統計学の本には、タイトルに「確率統計」とついたものがあるくらいです。
本来であれば、統計学を講義するには、確率の公式や確率変数の運用が欠
かせません。しかし、数学の苦手な人にとっては確率は鬼門で、統計学を
学ぶ際の難所となってしまっているのです。ここで挫折してしまうので、
その先にあるお宝にありつけないでいるのです。もったいないことではあ
りませんか。

　そこで 1 章では、確率の公式や確率変数、確率密度関数を用いないで、
検定・推定を説明することにしました。検定・推定の原理は、確率の素朴
な応用です。確率を形式的に表現する確率変数を用いずとも理解できるこ
となのです。

　なお、第 2 章では、確率の公式や確率変数、確率密度関数を用いてもう
一度検定・推定を説明しています。大学で統計学の講義を受けている方、
統計検定 2 級を目指している方は、こちらまで読んでください。

③ 統計と確率が結びついてわかる

　正当な統計学の本では、平均・標準偏差などの説明をしたあと、確率変

数を導入し、確率分布、検定・推定と説明が進みます。単純化すると統計
→確率→統計と話題が進むわけです。とおりいっぺんの説明しかしていな
いと、確率の説明がどうしても浮いてしまいます。データの平均・分散と
確率変数の平均・分散が結びつかないまま、検定・推定の説明へ突入する
ので、検定・推定をするための標本が確率試行の結果であるという捉え方
ができなくなってしまうのです。

④ 本筋でないものは脇へ

　検定・推定を1時間で理解するために、少しでもその理解に必要ないと
判断した概念については、コラムなど脇で解説するようにしました。例え
ば、$V(X) = E(X^2) - \{E(X)\}^2$ の公式、モード、最頻値など記述統計に関
する用語、偏差値、不偏分散はなぜ $n - 1$ で割るのか、などの話題です。

　また、内容的には重要であっても、検定・推定の概念を大づかみに捉え
るにはむしろ邪魔であると判断したものや高校以上の数学が必要になるも
のについては、2章にまわしました。確率変数や正規分布以外の分布や確
率密度関数の話題です。

　このようにして、1章で本質を理解してもらったあと、余力がある人、
数式での表現を学んでみたい人、数式での裏付けがほしい人は、2章に読
み進んでいただきたいと思います。

　2章では、1章の内容を数学的に叙述して、補足していきます。といっ
ても、すべてにきちんとした証明をつけていくわけではありません。事実
だけ紹介することも多いでしょう。なにしろ、統計処理の意味がわかって
使えるようになってもらうのがこの本の目的なのですから。

　そして、第3章で、記述統計の1分野である相関係数や回帰直線の求め
方を紹介します。ここでの工夫は、偏微分を用いず回帰直線の公式の導出
をしたところです。

　最後にもうひとつ、この本の目玉を。

⑤ 疑問に思うところがわかりやすく解説されている

疑問に思うところというのは具体的にいうと、

- 不偏分散はなぜ $n-1$ で割るの？
- 自由度って何？
- なぜ相関係数は -1 以上 1 以下なの？

などです。これらを単に言葉だけでもなく、程よく数式を交えながらわかりやすく解説しています。どれも、本格的な解説書では、全く解説していなかったり、逆に難しい解説がなされている箇所です。

　最後に本書を読む注意として、記号「＝」についてコメントしておきます。数学的にはおよその数を表す「≒」を使うべきところでも、「＝」を用いて表現しています。有効数字についても統一をとってありません。よろしく解釈してください。

第 **1** 章

UNIT

1　度数分布表・ヒストグラム

1-1 | データをグラフに整理しよう
――度数分布表、ヒストグラム

度数分布の表やグラフって、どう描くの?

これからデータ(資料)の整理の仕方とデータ(資料)の特徴を捉える数値の導き方を紹介しましょう。

ある中学校のクラスでテストをしました。20人のテストの結果が次のようだったとします。このデータを整理してみましょう。

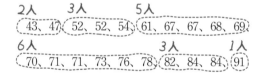

何十点台が何人いるか調べてみます。

40点台は2人います。点数が40点台であれば、点数が40点以上50点未満として表に整理しましょう。

階級	階級値	度数
40 以上 50 未満	45	2
50 以上 60 未満	55	3
60 以上 70 未満	65	5
70 以上 80 未満	75	6
80 以上 90 未満	85	3
90 以上 100 以下	95	1

ここで、この例を参考にして、統計学の用語を紹介します。

○ サイズ（大きさ）

この場合は、調査対象の人数、データに含まれる個数、20 人のこと
です。本書では、分かりやすくデータの個数といったりします。

○ 変量

この場合は、テストの点数。データの各々の値です。

○ 階級（class）

40 点以上 50 点未満といった範囲のこと。

○ 階級値（midpoint）

40 点以上 50 点未満の階級であれば、40 点と 50 点の平均の
45 点です。midpoint という英語からも分かるように階級の
範囲の真ん中の値です。

○ 階級幅（class interval）

この例の場合は 10 点。隣どうしの階級値の差ともいえます。

○ 度数（frequency）

この場合、階級ごとの人数のこと。

○ 個体

変量を持っている調査対象。この例では試験を受けた人。

データを階級ごとに整理して度数を調べたものを**度数分布表**(frequency table)といいます。

この表をもとに各階級の度数を柱状グラフで表すと次のようになります。

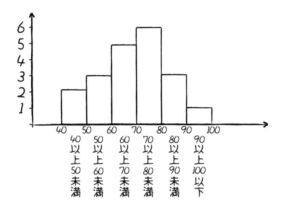

このように、度数分布表を柱状グラフにして表現したものを**ヒストグラム**(histogram) といいます。柱状グラフで大きい順に並べ替えている図がありますが、これはヒストグラムではありません。ヒストグラムはヨコ軸が階級順に並んでいなくてはいけません。

ヒストグラムを描くとデータの特徴がひと目で分かり便利です。ですから、度数分布表を示すかわりに、「次のヒストグラムのように分布しています」などと示す場面が多くあります。

ただ、このままではデータどうしを比較するときに不便です。人数の異なる A 中学校と B 中学校の得点分布を比べたいときは、階級に含まれる度数の全体に対する割合を比較した方がよいでしょう。

データ全体に対する度数の割合を**相対度数**(relative frequency) といいます。

度数分布表をもとにして、相対度数を表に書き込むと次のようになります。このような表を相対度数分布表といいます。

$$\frac{2}{20}$$

階級	階級値	度数	相対度数	累積相対度数
40 以上　50 未満	45	2	0.1	0.1
50 以上　60 未満	55	3	0.15	0.25
60 以上　70 未満	65	5	0.25	0.5
70 以上　80 未満	75	6	0.3	0.8
80 以上　90 未満	85	3	0.15	0.95
90 以上 100 以下	95	1	0.05	1
		20	1	

　相対度数は、データのサイズを 1 としたとき、階級の度数を割合で表した数です。データのサイズ（データの個数）が 20 で、40 点以上 50 点未満の階級の度数は 2 であることから、40 点以上 50 点未満の階級の相対度数は、

$$\frac{2}{20} = 0.1$$

となります。

　これに対して、相対度数を足しあげたものを累積相対度数といいます。60 点以上 70 点未満の累積相対度数は、表の　　　のようにそれより低い階級の相対度数を足しあげて、

$$0.1 + 0.15 + 0.25 = 0.5$$

と計算します。

　累積相対度数の最後の欄は 1 になっていますね。

　これは偶然ではありません。相対度数をすべて足しあげると、つねに 1 になるからです。相対度数とは、データのサイズを 1 としたときの割合なのですから、すべての相対度数を足すと全体の割合 1 になるわけです。

　相対度数、累積相対度数のことを抽象的な書き方でまとめておきます。

データのサイズが N です。度数 f_1、f_2、$\cdots$、f_n の総和が N になっています。

階級	階級値	度数	相対度数	累積相対度数
第 1 階級	x_1	f_1	$\dfrac{f_1}{N}$	$\dfrac{f_1}{N}$
第 2 階級	x_2	f_2	$\dfrac{f_2}{N}$	$\dfrac{f_1+f_2}{N}$
第 3 階級	x_3	f_3	$\dfrac{f_3}{N}$	$\dfrac{f_1+f_2+f_3}{N}$
$\vdots$	$\vdots$	$\vdots$	$\vdots$	$\vdots$
第 n 階級	x_n	f_n	$\dfrac{f_n}{N}$	1
		N	1	

相対度数表をもとにヒストグラムを描きましょう。

　度数のヒストグラムと相対度数のヒストグラムはほとんど同じではない
かと思った方は勘のよい方です。タテ軸の目盛りを、度数から相対度数に
振り直すだけで、相対度数のヒストグラムが完成します。

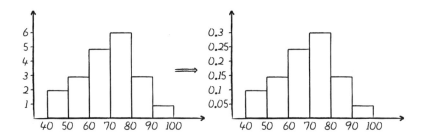

COLUMN ## データの代表値

　本編では、データの特徴を表す重要な指標であっても、この本で説明する検定・推定には必要ないということで割愛してしまったものがあります。ここで、それらをフォローしておきます。

　以下のような点数のデータを例にそれらを紹介していきましょう。

43、47、52、52、54、61、67、67、68、69、

71、71、71、73、76、78、82、84、84、91

○ **範囲（レンジ）range**

　データの最大値と最小値との差。この場合は、$91 - 43 = 48$

○ **最頻値（モード）mode**

　度数分布表から最頻値を求める場合は、度数の最も多い階級の階級値。階級幅を 10 点にとって、40 点以上 50 点未満、…とするとき、一番多いのは 70 点台だから、階級値をとって 75。

　度数分布表にまとめることなく最頻値を求める場合は、データを調べると、71 の度数が 3 で一番大きいので 71 です。

○ **中央値（メジアン）median**

　データを大きさの順に並べたときに、真ん中の順位の値。この場合はデータのサイズが 20 個と偶数なので、10 番目の 69 と 11 番目の 71、この 2 個の平均をとって、$(69 + 71) \div 2 = 70$

　もしも、最後の 91 を取り除いて、データのサイズを 19 個とすれば、10

番目の 69 が中央値になります。

　平均は**外れ値**（極端に大きいまたは小さい値、**outlier**）の影響を受けますが、中央値は外れ値があっても**頑健（robust）**です（変わりません）。例えば、日本の世帯所得の分布では、平均 549 万に対して、中央値は 438 万です。どちらが実感に近いでしょうか。平均は極端な高額所得世帯があることにより、中央値よりも大きい値になっています。

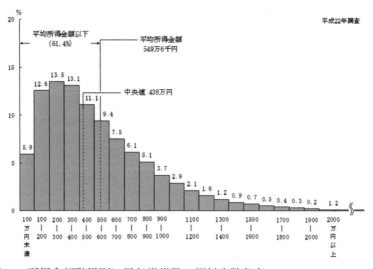

図 14　所得金額階級別に見た世帯数の相対度数分布

○ 四分位数（quartile）

　データを値の大きさの順に並べて、個数で 4 等分に区切ったときの区切りの値。

　小さい方から、第 1 四分位数、第 2 四分位数、第 3 四分位数といいます。第 2 四分位数は中央値のことです。

第1四分位数　$\dfrac{54+61}{2} = 57.5$

43、47、52、52、54、| 61、67、67、68、69、

71、71、71、73、76、| 78、82、84、84、91

第3四分位数　$\dfrac{76+78}{2} = 77$

第1四分位数：$\dfrac{54 + 61}{2} = 57.5$

第3四分位数：$\dfrac{76 + 78}{2} = 77$

　データ全体を小さいグループと大きいグループに分け、小さいグループのメジアンが第1四分位数、大きいグループのメジアンが第3四分位数となります。

　サイズが偶数なのでこのように計算できました。サイズが奇数のときは、真ん中の数を取り除き、小さいグループと大きいグループに分け、それぞれのメジアンを求めます。

○ 箱ひげ図（boxplot）

　データの最小値、最大値、四分位数を、次のような箱とそこから伸びるひげ（直線）で表現した図。

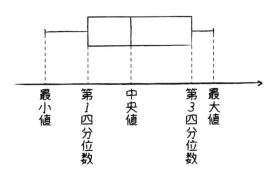

最小値　第1四分位数　中央値　第3四分位数　最大値

UNIT

2 平均、分散・標準偏差

2-1 データを特徴付ける3大指標
—— 平均、分散・標準偏差の公式

平均、分散・標準偏差ってどうやって求めるの?

　ヒストグラムを描くとデータの状態を一目見て把握することができました。ただ、このままでは感覚的であることは否めません。数値でデータを特徴付けることが必要でしょう。次に、データの特性を表す指標を紹介しましょう。

　重要なものは、平均と分散・標準偏差です。

　ここでは、初めに平均、分散・標準偏差の計算方法を与えてしまいます。計算ができるようになってから、なぜそのように計算するのか、その意味するところ、ヒストグラムから平均、分散・標準偏差を読み取る方法を紹介しましょう。

　平均については、ご存知の方も多いと思います。平均点というのは、合計点を人数で割り、一人当たりの得点数を計算したものです。

　一般のデータの場合、**平均**(mean)は、

$$\text{平均} = \frac{\text{データの変量の総和}}{\text{データの個数}}$$

と計算します。

$$43、47、52、52、54、61、67、67、68、69、$$
$$70、71、71、73、76、78、82、84、84、91$$

---合計
1360

この例では、クラス 20 人の合計点は、計算すると 1360 点ですから、これを人数の 20 で割って、

$$1360 \div 20 = 68$$

となります。

次に分散の計算の仕方を紹介しましょう。

各点

$$43、47、52、52、54、61、67、67、68、69、$$
$$70、71、71、73、76、78、82、84、84、91$$

から平均点の 68 を引きます。

各数から68を引く

$$-25、-21、-16、-16、-14、-7、-1、-1、0、1$$
$$2、3、3、5、8、10、14、16、16、23$$

こうして計算したものを**偏差（deviation）**といいます。

各偏差を 2 乗します。

$$(-25)^2、(-21)^2、(-16)^2、(-16)^2、(-14)^2、(-7)^2、(-1)^2、(-1)^2、0^2、1^2$$
$$2^2、3^2、3^2、5^2、8^2、10^2、14^2、16^2、16^2、23^2$$

これらを全部足して、データの個数の 20 で割ったものが分散です。

$$\frac{(-25)^2 + (-21)^2 + \cdots + 16^2 + 23^2}{20}$$

$$= \frac{625 + 441 + \cdots + 256 + 529}{20} = \frac{3274}{20} = 163.7$$

一般に、**分散**（variance）は、

$$\text{分散} = \text{偏差の2乗の平均} = \frac{\text{偏差の2乗の総和}}{\text{データの個数}}$$

となります。

この分散の平方根を取ったものが**標準偏差**（standard deviation）です。このデータの標準偏差は、

$$\sqrt{163.7} \fallingdotseq 12.79$$

となります。

$$\text{標準偏差} = \sqrt{\text{分散}}$$

平均、分散・標準偏差の計算の仕方をまとめておきます。

平均、分散・標準偏差の公式

データの個数が N 個、データの変量が x_1、x_2、$\cdots$、x_N のとき、データの平均を $\overline{x}$、分散を s^2、標準偏差を s とおくと、

$$\overline{x} = \frac{x_1 + x_2 + x_3 + \cdots + x_N}{N}$$

$$s^2 = \frac{(x_1 - \overline{x})^2 + (x_2 - \overline{x})^2 + (x_3 - \overline{x})^2 + \cdots + (x_N - \overline{x})^2}{N}$$

$$s = \sqrt{\frac{(x_1 - \overline{x})^2 + (x_2 - \overline{x})^2 + (x_3 - \overline{x})^2 + \cdots + (x_N - \overline{x})^2}{N}}$$

データからじかに、平均、分散・標準偏差を計算する方法は上の通りです。

次に、度数分布表から、平均、分散・標準偏差を計算する方法を紹介しましょう。もとの資料は紛失してしまったとして、手元に残った度数分布表から平均、分散・標準偏差を計算するとしましょう。

p.19 で与えられた度数分布表を例にとって計算してみます。

階級	階級値	度数
40 以上 50 未満	45	2
50 以上 60 未満	55	3
60 以上 70 未満	65	5
70 以上 80 未満	75	6
80 以上 90 未満	85	3
90 以上 100 以下	95	1

度数分布表になったからといって、平均、分散の定義が変わるわけではありません。計算の原理は同じです。

上の度数分布表から、階級値の点数の人が度数の人数分だけいると捉えればよいのです。つまり、45 点の人が 2 人、55 点の人が 3 人、……というように捉えるわけです。

平均点は、クラスの合計点をクラスの人数で割ったものでした。初めに、クラスの合計点を求めましょう。クラスの合計点を計算するには、各階級ごとに合計点を計算して、それらを足しあげます。

40 点以上 50 点未満の階級の合計点　　　45×2

50 点以上 60 点未満の階級の合計点　　　55×3

60 点以上 70 点未満の階級の合計点　　　65×5

70 点以上 80 点未満の階級の合計点　　　75×6

80 点以上 90 点未満の階級の合計点　　　85×3

90 点以上 100 点以下の階級の合計点　　　95×1

これらを足しあげたものがクラス 20 人分の合計点です。それを人数の 20 で割ります。

$$\frac{45 \times 2 + 55 \times 3 + 65 \times 5 + 75 \times 6 + 85 \times 3 + 95 \times 1}{20} = \frac{1380}{20} = 69$$

度数分布表から計算した平均が 69、実際の平均が 68 ですから、まずまずではないでしょうか。

分散も計算してみましょう。度数分布表では、45 点の人が 2 人、55 点の人が 3 人、……というように資料を捉えているわけですから、具体的に書くと次のようになります。

これから、平均点の 69 を引いて偏差を求めると、

$$-24、\ -24、\ -14、\ -14、\ -14、\ -4、\ -4、\ -4、\ -4、\ -4$$
$$6、\quad 6、\quad 6、\quad 6、\quad 6、\quad 6、\quad 16、\quad 16、\quad 16、\quad 26$$

これらを 2 乗して、

$$(-24)^2、(-24)^2、(-14)^2、(-14)^2、(-14)^2、(-4)^2、(-4)^2、(-4)^2、(-4)^2$$
$$6^2、\quad 6^2、\quad 6^2、\quad 6^2、\quad 6^2、\quad 6^2、\quad 16^2、\quad 16^2、\quad 16^2、\quad 26^2$$

これらを足して、20 で割れば分散が求まります。

$(-24)^2$ は、40 点以上 50 点未満の階級値 45 と平均点 69 の偏差の 2 乗ですから、この階級の度数分だけ、つまり 2 個あります。

偏差の 2 乗の和を計算するには、階級ごとの偏差の 2 乗を計算し、足しあげます。すると、偏差の 2 乗の和は次式の分子のようになります。分散

を求めると、

偏差　度数

$$\frac{(-24)^2 \times 2 + (-14)^2 \times 3 + (-4)^2 \times 5 + 6^2 \times 6 + 16^2 \times 3 + 26^2 \times 1}{20}$$

$= 174$

　標準偏差はこれの平方根を取って、

これらはエクセルを
用いて確かめること
ができます。
詳しくは付録1で。

$$\sqrt{174} \fallingdotseq 13.19$$

となります。

　度数分布表が与えられたとき、そこから平均、分散・標準偏差を導く求め方をまとめると次のようになります。

平均、分散・標準偏差の公式（度数分布表から）

階級値	x_1	x_2	$\cdots$	x_n	計
度数	f_1	f_2	$\cdots$	f_n	N

このような度数分布表のとき、

$$\overline{x} = \frac{x_1 f_1 + x_2 f_2 + \cdots + x_n f_n}{N}$$

$$s^2 = \frac{(x_1 - \overline{x})^2 f_1 + (x_2 - \overline{x})^2 f_2 + \cdots + (x_n - \overline{x})^2 f_n}{N}$$

$$s = \sqrt{\frac{(x_1 - \overline{x})^2 f_1 + (x_2 - \overline{x})^2 f_2 + \cdots + (x_n - \overline{x})^2 f_n}{N}}$$

　上では、度数分布表の度数を用いて、平均、分散・標準偏差を計算しました。

　実は、平均、分散・標準偏差を計算するには、相対度数さえ分かっていればよいのです。

i 番目の階級の度数 f_i に対し、相対度数は $\dfrac{f_i}{N}$ です。これを $\dfrac{f_i}{N} = g_i$ とおきます。

平均、分散の計算方法は以下の通りです。

○**平均**

$$\overline{x} = \frac{x_1 f_1 + x_2 f_2 + \cdots + x_n f_n}{N}$$

$$= x_1 \cdot \frac{f_1}{N} + x_2 \cdot \frac{f_2}{N} + \cdots + x_n \cdot \frac{f_n}{N}$$

$$= x_1 g_1 + x_2 g_2 + \cdots + x_n g_n$$

○**分散**

$$s^2 = \frac{(x_1 - \overline{x})^2 f_1 + (x_2 - \overline{x})^2 f_2 + \cdots + (x_n - \overline{x})^2 f_n}{N}$$

$$= (x_1 - \overline{x})^2 \cdot \frac{f_1}{N} + (x_2 - \overline{x})^2 \cdot \frac{f_2}{N} + \cdots + (x_n - \overline{x})^2 \cdot \frac{f_n}{N}$$

$$= (x_1 - \overline{x})^2 g_1 + (x_2 - \overline{x})^2 g_2 + \cdots + (x_n - \overline{x})^2 g_n$$

度数を掛けてからデータの個数で割るところを、相対度数を掛けるだけでよいのです。このように、平均、分散は x_i と g_i だけを用いて書き表すことができることが分かりました。

相対度数が与えられたときの平均、分散・標準偏差の計算の仕方をまとめておくと次のようになります。

平均、分散・標準偏差の公式（相対度数分布表から）

階級値	x_1	x_2	$\cdots$	x_n	計
相対度数	g_1	g_2	$\cdots$	g_n	1

このような相対度数の分布表のとき

$$\overline{x} = x_1 g_1 + x_2 g_2 + \cdots + x_n g_n$$

$$s^2 = (x_1 - \overline{x})^2 g_1 + (x_2 - \overline{x})^2 g_2 + \cdots + (x_n - \overline{x})^2 g_n$$

$$s = \sqrt{(x_1 - \overline{x})^2 g_1 + (x_2 - \overline{x})^2 g_2 + \cdots + (x_n - \overline{x})^2 g_n}$$

　平均、分散・標準偏差がこのように求まるということは、相対度数のヒストグラムが与えられると、それに対して平均、分散・標準偏差が定まるということを意味します。

　相対度数のヒストグラムから、上に掲げた公式を用いてデータの平均、分散を求める練習をしてみましょう。

問題 **1.01**　あるクラスで5点満点の小テストを行ないました。結果をまとめると、以下のような相対度数のヒストグラムになりました。この小テストの結果の平均、分散を求めてみましょう。

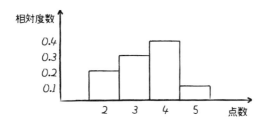

相対度数分布表を作ると以下のようになります。

点数	2	3	4	5
相対度数	0.2	0.3	0.4	0.1

ここでは直前の公式を用いて相対度数から直接、平均 $\bar{x}$、分散 s^2 を求めてみましょう。

$$\bar{x} = 2 \times 0.2 + 3 \times 0.3 + 4 \times 0.4 + 5 \times 0.1$$
$$= 3.4$$

$$s^2 = (2 - 3.4)^2 \times 0.2 + (3 - 3.4)^2 \times 0.3$$
$$+ (4 - 3.4)^2 \times 0.4 + (5 - 3.4)^2 \times 0.1$$
$$= 0.84$$

このようにクラスの人数は分からなくても、相対度数が与えられれば、平均、分散を計算することができるわけです。

データのサイズが分からない場合でも、相対度数分布さえ与えられれば、平均、分散を求めることができます。

COLUMN 分散と平均を結ぶ公式

分散の定義は、

$$\text{分散}＝\text{偏差の2乗の平均}$$

でした。p.25 と p.29 では、この定義式に従って分散を計算しました。

分散は、次の公式を用いても計算できます。

$$s^2 = \overline{x^2} - (\overline{x})^2$$

ここで、$\overline{x^2}$ は、データの値の2乗平均ということです。

データのサイズが3の場合で、上の公式を確かめてみましょう。

3とはショボイ話ですが、3が N になってもやっていることは同じですから、証明した気分になれます。

変量の値を a、b、c とします。平均 $\overline{x}$ は、

$$\overline{x} = \frac{a + b + c}{3}$$

これの分母を払って、

$$3\overline{x} = a + b + c \quad \cdots\cdots①$$

2乗平均 $\overline{x^2}$ は、変量を2乗して平均をとったものなので、

$$\overline{x^2} = \frac{a^2 + b^2 + c^2}{3}$$

分散 s^2 は、偏差の2乗の平均ですから、

$$s^2 = \frac{(a-\overline{x})^2 + (b-\overline{x})^2 + (c-\overline{x})^2}{3}$$

$$= \frac{a^2 + b^2 + c^2 - 2a\overline{x} - 2b\overline{x} - 2c\overline{x} + 3(\overline{x})^2}{3}$$

$$= \frac{a^2 + b^2 + c^2 - 2(a+b+c)\overline{x} + 3(\overline{x})^2}{3}$$

①より

$$= \frac{a^2 + b^2 + c^2 - 2 \cdot 3\overline{x} \cdot \overline{x} + 3(\overline{x})^2}{3}$$

$$= \frac{a^2 + b^2 + c^2 - 3(\overline{x})^2}{3} = \frac{a^2 + b^2 + c^2}{3} - (\overline{x})^2$$

$$= \overline{x^2} - (\overline{x})^2$$

　こうして証明してみると、展開公式に毛の生えたようなものと侮るかもしれませんが、実用上は重要です。

　というのも、平均 $\overline{x}$ の値を計算するときはデータの個数で割りますが、総和が 100 で資料数が 7 である場合など、

$$\overline{x} = 100 \div 7 = 14.28\cdots\cdots$$

となって割り切れませんから、どこかで数字を丸めます。概数で捉えるしかない場合が生じます。$\overline{x}$ が概数の場合、変量から $\overline{x}$ を引いた偏差も概数、その 2 乗も概数になり、その概数をデータの個数だけ足すわけですから、概数をとったことによる誤差が積み重なっていきます。

　一方、$\overline{x^2} - (\overline{x})^2$ であれば、概数をとるのは 2 回だけです。こちらの方が、誤差が少なくなることが予想できますね。

　ですから、分散を計算するとき（例えば、2、5、6、7 の分散を計算してみます）は、次頁の図のように x と x^2 の表を書いて計算している統計学の本も多いのです。でも、コンピュータ全盛の今となっては、この公式にお

ける計算便法としての価値は色あせています。

　ただ、この先、分散分析に進む方にとっては、再び重要な意味を持ってくる公式となります。

問題 | **1.02**　サイズ4のデータが

$$2、5、6、7$$

のとき、分散を求めよ。

---

x	x^2
2	4
5	25
6	36
7	49
計 20	114

$$s^2 = \overline{x^2} - (\overline{x})^2$$
$$= \frac{114}{4} - \left(\frac{20}{4}\right)^2$$
$$= 28.5 - 25 = 3.5$$

2-2 | 平均、分散・標準偏差を ヒストグラムで実感しよう
—— 平均、分散・標準偏差の意味するところ

ヒストグラムから平均、分散・標準偏差を読み取るにはどうするの？

　ここでは、平均、分散・標準偏差の意味を解説します。

　平均は、一言でいうと、**ヒストグラムを x 軸の 1 点で支えるとき、バランスをとることができる点のこと**です。いわば、ヒストグラムやじろべいの支点です。

　少し詳しく説明しましょう。ヒストグラムの柱（長方形）の面積の数値に等しい重さの鉛のおもりを作ります。これらを、x 軸のそれぞれの階級値のところにつるします。このとき、平均値のところで x 軸を支えると、うまくバランスがとれるのです。

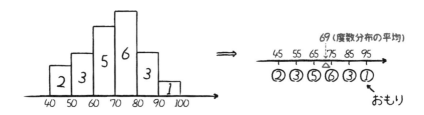

　なぜ平均値に支点をとると、バランスがとれてつりあうのか説明してみましょう。

　階級値 15 が度数 3、階級値 25 が度数 2 という簡単なデータの場合で確認してみましょう。

このときの平均は、

$$\frac{15 \times 3 + 25 \times 2}{3 + 2} = 19$$

となります。

　ここで 19 を支点とし、15 のところに 3g、25 のところに 2g のおもりをつるしたものとします。このときのつりあいの式を確かめてみます。

左まわりのモーメント　　*19*　　右まわりのモーメント
15　　　　25
③ 4　　6 ②

　左へ回ろうとする力(モーメント)が、$(19 - 15) \times 3 = 12$

　右へ回ろうとする力(モーメント)が、$(25 - 19) \times 2 = 12$

と等しくなります。ですから、上図ではちょうど x 軸がつりあいます。

　ここでは、感覚的に捉える練習をしましょう。

問題 **1.03**　次のヒストグラムで平均の見当をつけて、グラフにタテ軸で示してください。

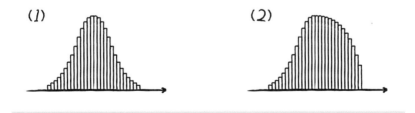

(*1*)　　　　　　　　(2)

（1）対称性があるときは対称の軸が平均になります。

（2）この図形は分布が右側に張り出していますね。この張り出した部分がなければ、平均は対称の軸になりますが、張り出した部分がありますか

ら、平均は右側にずれます。

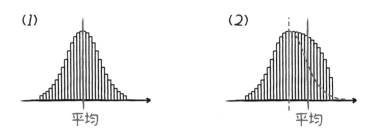

　勘違いしやすいのですが、平均のところにタテ線を引くと度数分布の面積がちょうど半分に切断されるのではないかと考えるのは間違いです。

　下のような2つの山がある極端な場合を考えれば、おかしいことが分かります。

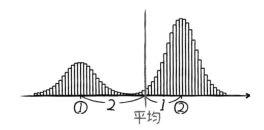

　分散・標準偏差についても感覚的に捉えてみましょう。

　分散とは、偏差の2乗和の平均でした。もう少し大雑把にいうと、偏差、つまり平均からの距離が大きいか小さいかの度合い、

データの散らばりの度合い

を表したものなのです。

　分散が大きいと散らばり方が大きく、分散が小さいと散らばり方が小さいのです。標準偏差にいい直すと、標準偏差が大きいと散らばり方が大きく、標準偏差が小さいと散らばり方が小さいのです。

問題 **1.04**

　(1)～(3) のそれぞれの2つのヒストグラムで標準偏差の大きいのは
a、bどちらですか。ただし、2つのヒストグラムはヨコ軸の目盛りが等
しいものとします。

(1)

(2)

(3)

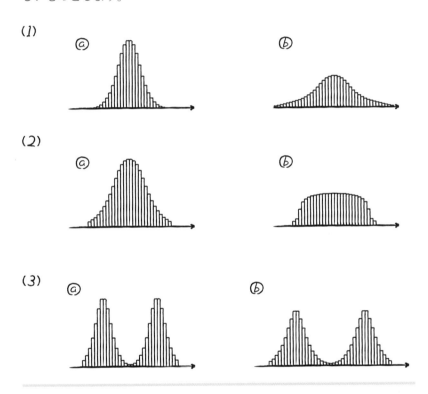

散らばりが大きい

　⇔　分散が大きい

　⇔　標準偏差が大きい

です。すべて、ⓑの方が幅広く分布していますから、標準偏差は大きいで
す。

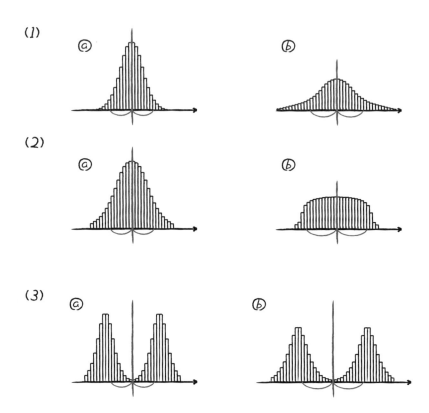

　平均は、ヒストグラムを x 軸の1点で支えるとき、バランスをとることができる点、支点であることを述べました。分散も物理の例えを用いていい表してみましょう。

　分散を物理量として捉えるときも、平均のときと同じように x 軸の階級値のところにおもりをつるします。分散は、平均のところに x 軸と垂直な軸をおいて、それを回転軸としておもりを回すときの回しにくさと関係があります。

　分散が小さいときは回し易く、分散が大きいときは回しにくいのです。分散が小さいとおもりはより回転軸に近いところにあり、分散が大きいとおもりはより回転軸から遠いところにあるからです。なんとなく感覚はつ

かめるでしょうか。竹とんぼを飛ばすときに、羽の外側に粘土でおもりを
つけると、回していくときに手のひらにずしんと重さを感じますよね。回
転軸から遠いところにおもりがあると回しにくくなるわけです。

　このモデルの「回しにくさ」は、物理でいうところの、「慣性モーメント」
という量を表しています。

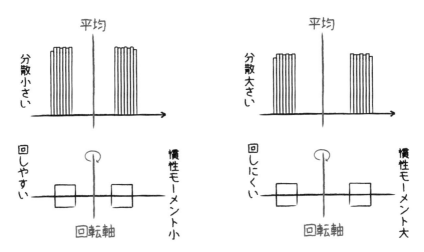

2-3 | データの数値に手を加えると データの平均、分散は？
―― 平行移動、定数倍のときの平均、分散

データの数値に定数を加えたとき、数値を定数倍したとき、平均、分散はどのように変化するのでしょうか。

　大学入学共通テストの理科や社会では、科目ごとの平均点に大きな差が出た場合、点数を調整することがあります。物理の平均点が 49 点であるのに対して、化学の平均点が 72 点というような場合です。この場合、例えば物理の受験者に一律に 15 点を与えたりします。俗に「ゲタを履かせる」なんていったりしますね。

　一律に点数を与える場合の平均、分散の変化について具体例で考えてみましょう。

　例えば、全員の点数にプラス 4 点をする場合、平均点、分散はどう変化するでしょうか。全員に 4 点ゲタを履かせたのだから、平均点も 4 点多くなるだろうと予想できますね。分散の方はどうでしょうか。

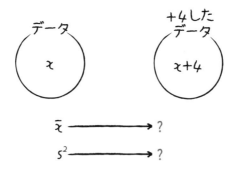

　例を挙げて計算してみましょう。

3人の場合で考えてみましょう。20点満点のテストで3人の点数が (2点、 5点、11点) だとしてみます。

もとのデータの平均を $\bar{x}$、分散を s^2 とします。これに対して、ゲタを履かせたデータの平均を $\bar{x}'$、分散を s'^2 とします。

もとのデータの平均点は、

$$\bar{x} = (2 + 5 + 11) \div 3 = 6(点)$$

です。全員に4点ゲタを履かせましょう。3人の点数は、 (6点、9点、15点) です。ゲタを履かせたときの平均点を計算すると、

$$\bar{x}' = (6 + 9 + 15) \div 3 = 10(点)$$

です。たしかに6点に比べて、ゲタを履かせた4点分高くなりました。

もう少しスマートに書けば、次のようになります。

$$\bar{x}' = \frac{6 + 9 + 15}{3} = \frac{(2+4)+(5+4)+(11+4)}{3} = \frac{2 + 5 + 11 + 4 \times 3}{3}$$

$$= \frac{2 + 5 + 11}{3} + \frac{4 \times 3}{3} = \frac{2 + 5 + 11}{3} + 4 = \bar{x} + 4$$

こう書くと、一般の場合の証明をしたような気分になりますね。

分散の方はどうでしょうか。

3人の点数 2、5、11 から平均の6を引いて偏差を出し、2乗して平均をとると、分散は、

点数 →	2	5	11
偏差 →	-4	-1	5

$$s^2 = \frac{(-4)^2 + (-1)^2 + 5^2}{3} = 14$$

です。これに対して、4点ゲタを履かせたとき、3人の点数6、9、15から平均の10を引いて偏差を出し、2乗して平均をとると、

$$\text{点数} \rightarrow \quad 6 \qquad 9 \qquad 15$$

$$\text{偏差} \rightarrow \quad -4 \qquad -1 \qquad 5$$

$$s'^2 = \frac{(-4)^2 + (-1)^2 + 5^2}{3} = 14$$

です。分散は同じになりました。

　よく見ると、偏差を計算した時点で、偏差が同じになっていますね。偏差とは点数と平均点との差でしたが、ゲタを履かせたとき、点数の方もプラス4点、平均点もプラス4点なので、その分が相殺されて偏差は変わらないのです。よって、それから計算する分散も同じなのです。

　もとのデータに一律にプラス4をすると、平均点は4点プラスされ、分散は変わりません。もとのデータとゲタを履かせたときのデータとの平均と分散の関係を記号でまとめておくと、

$$\overline{x'} = \overline{x} + 4、s'^2 = s^2$$

のようになります。

　全員にプラス4点することをヒストグラムで考えてみます。

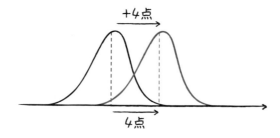

　ヒストグラムは本来、細長い長方形をすき間なく並べたものですが、こ
こら辺から概形を曲線で表すことにします。慣れていきましょう。

　もともとのデータのヒストグラムを黒い線で表すことにすると、プラス
4点したあとのデータのヒストグラムはアカい線のようになります。アカ
い線のヒストグラムは、黒い線のヒストグラムをプラス方向に4点平行移
動したものになっています。

　平行移動なのでヒストグラムの形は変わりません。ヒストグラムの形に
対する平均の位置関係は変わりませんから、ヒストグラムがプラス方向に
4点だけ平行移動すれば、平均もそれと一緒になってプラス方向に4点だ
け平行移動します。

　ヒストグラムの形が変わらなければ、データの散らばり具合も変わりま
せん。もともとのデータの分散とプラス4点したあとの分散は一致します。

　次に、科目間の調整をするのに、点数を2倍するときのことを考えてみ
ましょう。

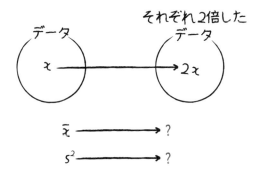

　3人の点数が、2、5、11　のとき、平均は$\bar{x} = 6$（点）、分散は$s^2 = 14$で
した。

　これに対して、点数を2倍したときの平均、分散を求めてみましょう。
点数を2倍するのですから、平均点も2倍になりそうですね。分散の方は
どうでしょうか。

×2

3 人の点数 2、5、11 を 2 倍した、4、10、22 について考えます。

平均点は、

$$\overline{x}' = (4 + 10 + 22) \div 3 = 12(点)$$

たしかに、もとの点数の平均点 6 点の 2 倍になっていますね。スマートに書けば、

$$\overline{x}' = \frac{4 + 10 + 22}{3} = \frac{2 \times 2 + 5 \times 2 + 11 \times 2}{3} = \frac{(2 + 5 + 11) \times 2}{3}$$

$$= \frac{(2 + 5 + 11)}{3} \times 2 = 2\overline{x}$$

分散の方も調べてみましょう。3 人の点数 4、10、22 から、平均 12 を引いて偏差を出し、2 乗して平均をとると、

点数 →	4	10	22
偏差 →	−8	−2	10

$$s'^2 = \frac{(-8)^2 + (-2)^2 + 10^2}{3} = 56$$

これは、$s^2 = 14$ の 4 倍になっています。

今度は、偏差のところですべて、もとの資料の偏差の 2 倍になっています。偏差を 2 乗するところで $2^2 = 4$ 倍になり、分散はもとの分散の 4 倍になるのです。この事情を式で表すと、

$$s'^2 = \frac{(-8)^2 + (-2)^2 + 10^2}{3} = \frac{\{(-4) \times 2\}^2 + \{(-1) \times 2\}^2 + (5 \times 2)^2}{3}$$

$$= \frac{(-4)^2 \times 2^2 + (-1)^2 \times 2^2 + 5^2 \times 2^2}{3} = \frac{\{(-4)^2 + (-1)^2 + 5^2\} \times 2^2}{3} = 4s^2$$

　もとのデータと、点数を 2 倍にしたときのデータとの平均、分散の関係を記号でまとめておくと、

$$\overline{x'} = 2\overline{x}, \ s'^2 = 4s^2$$

となります。

　これらの例ではデータの個数が 3 個の場合を扱いましたが、個数が大きくなっても同様に考えることができることは、具体的な計算から感じとっていただけたものと思います。

　全員の点数を 2 倍することをヒストグラムで考えてみます。

　もともとのデータのヒストグラムを黒い線で表すことにすると、点数を 2 倍したあとのデータのヒストグラムはアカい線のようになります。

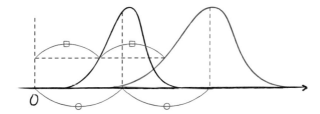

　アカい線のヒストグラムは、黒い線のヒストグラムを原点を中心に 2 倍したものなので、アカい線のヒストグラムの平均は黒い線のヒストグラムの平均の 2 倍になります。

　アカい線のヒストグラムは、黒い線のヒストグラムをヨコに 2 倍にした形なので、散らばりを表す標準偏差は 2 倍になります。分散は標準偏差の 2 乗ですから、アカい線のヒストグラムの分散は黒い線のヒストグラムの分散の 4 倍になります。

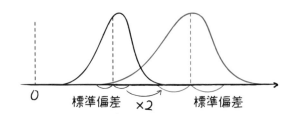

上では、プラス 4 や 2 倍の例を出しましたが、これを a、b に置き換え
てまとめれば次のようになります。

データの平行移動・定数倍

　もとのデータの平均を $\overline{x}$、分散を s^2、作り直したデータの平均を $\overline{x'}$、
分散を s'^2 とする。

　（平行移動）　もとのデータの変量に一律 a を足すとき、
$$\overline{x'} = \overline{x} + a、s'^2 = s^2$$
　（定　数　倍）　もとのデータの変量を一律に b 倍するとき、
$$\overline{x'} = b\overline{x}、s'^2 = b^2 s^2$$

上のまとめを問題で確認してみましょう。

|問題| **1.05**　もとのデータの平均が 60、分散が 90 のとき、データの各変
　　量に次の操作をしてできたデータの平均、分散を求めてください。

（1）各変量から一律に 15 を引く。

（2）各変量を一律に 3 分の 1 倍する。

（3）各変量から一律に 15 を引いたあと、一律に 3 分の 1 倍する。

---

(1) 一律に 15 を引くとき、平均はもとの平均よりも 15 だけ小さくなります。平均は、60 − 15 = 45 です。分散は変わりません。90 のままです。

(2) 一律に $\dfrac{1}{3}$ 倍するとき、平均は $\dfrac{1}{3}$ 倍に、分散は $\left(\dfrac{1}{3}\right)^2 = \dfrac{1}{9}$ 倍

になります。

平均は、$60 \times \dfrac{1}{3} = 20$

分散は、$90 \times \left(\dfrac{1}{3}\right)^2 = 10$

(3) (1)、(2)の操作を続けて行なうわけです。平均、分散を追いかけると、

平均　　60　**一律に** 45 **一律に** 15
分散　　90 $\xrightarrow{\text{−15}}$ 90 $\xrightarrow{\text{3分の1}}$ 10

平均は 15、分散は 10 になります。

○変量の標準化

いま、サイズ n のデータ

$$x_1、\ x_2、\ \cdots、\ x_n$$

の平均が μ、分散が σ^2 と求まっているものとします。

このとき、データのそれぞれの値から μ を引き、σ で割って作ったデータ

$$\frac{x_1 - \mu}{\sigma}、\ \frac{x_2 - \mu}{\sigma}、\ \cdots、\ \frac{x_n - \mu}{\sigma}$$

の平均と分散を求めてみます。

上の問題に倣って、下のように計算できます。

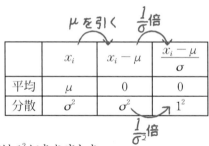

平均は 0、分散は 1^2 になりました。

　どんなデータであっても、平均を引いて、標準偏差で割って作ったデータは、平均が 0、分散が 1^2（標準偏差が 1）のデータになります。

　このように、データに対し、その平均を引いて、その標準偏差で割って資料を作り直すことを、変量の標準化、データを標準化するといいます。

　データを標準化することで、異なる尺度や単位のデータであっても、データの値のポジションを知ることができ比較が可能となります。

　例えば、各種の競争試験の点数データは、点数そのものよりも、その点数を取った人が全体でどの位置にいるかの方が重要ですから、標準化して解析することに適したデータであるといえます。教育現場で使用されている偏差値は、データを標準化したあと、もうひと手間かけて作った変量です（詳しくはコラムで）。

　2章までは、1変量のデータしか扱いませんが、統計学の発展的分野には、複数の変量を持つデータを扱う多変量解析と呼ばれる分野があります。多変量解析では、異なる尺度や単位の変量を扱うとき、標準化を行なってから解析することが多いです。解析の手法によっては、素のデータと標準化されたデータでは結果が異なるので注意しましょう。多変量解析の統計ソフトを用いるときには、標準化の手順が入っているのか否かを確かめておきたいです。

UNIT

3 正規分布

3-1 統計解析のなかで一番重要な分布
——正規分布

　この章では、正規分布と呼ばれる、特別の形をした曲線のグラフについて説明していきます。

○多くの分布が正規分布で近似できる

　ある部屋で30cmの物差しを使って柱の長さを測ることにします。何人かで長さを測定すると各人により多少の誤差が出ます。かまわず測定した値をそのまま記録してヒストグラムに表すことにします。このヒストグラムは偶然の誤差を含んだ分布で誤差分布と呼ばれます。不思議なことに、誤差分布のヒストグラムの概形は、下図のようにある決まったつりがね型の滑らかな曲線にほぼ重なります。「曲線にほぼ重なる」ことを、「曲線で近似できる」ということにします。

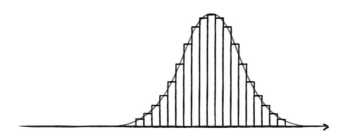

　この曲線が**正規分布**（**normal distribution**）のグラフです。正規分布の

曲線は、その形からベルカーブと呼ばれます。

　天文学者でもあり天体観測をしていた数学者ガウスは、誤差分布が正規分布で近似できることに気づいていました。ですから、正規分布のことを**ガウス分布**（Gaussian distribution）と呼ぶこともあります。

　歴史的には、正規分布は二項分布の極限としてベルヌーイが発見したとされています。

　二項分布を最初から説明しなければならないところですが、それには手間がかかりますから、ここでは簡単に述べるにとどめます（詳しくは 2 章で）。二項分布は、下図のように釘が打たれたパチンコ台（ゴルトンボード）の上から玉を落としたときに、それぞれの区切られた箱に入る確率から作られる分布です。

©クラウス・ディーター・ケラー

　二項分布を表す玉の様子が正規分布の曲線で近似できることを実感するには、YouTube で「ゴルトンボード」と検索して、上がってくる動画を見るとよいでしょう。

　ゴルトンボードの上から多くの玉を放つと、玉は 2 分の 1 の確率で左右に進み、区切られた箱の中に落ちます。箱に入る玉の個数が多いほど、その箱に入る確率が大きいことを表しています。

　多くの玉を放ったときに、箱に入った玉が作る図形がほぼ二項分布のヒストグラムになります。正規分布は二項分布の極限ですから、正規分布の曲線はこのヒストグラムをうまく近似しているのです。

　データのヒストグラムの概形が正規分布の曲線で近似できるとき、「データは正規分布に従う」といいます。正規分布に従うデータは、ゴルトンボード以外にも数多くあります。

- ある国の 25 歳男子の身長
- 健康な人の最高血圧
- ある工程で作られるねじの長さ
- 心理試験での反応時間
- テナガザルの腕の長さ
- 望遠鏡の測定誤差
- 電子機器のノイズ
- ある商品の需要の分布
    ……

　データが正規分布に従う状況を、数値も交えて詳しく述べてみましょう。

　正規分布は、ヒストグラムではありませんが、平均・分散を計算することができます。データのサイズも分からないのにどうして平均・分散を計算できるのか不思議に思った人は、p.31 の問題 1.01 をもう一度見直して

ください。問題 1.01 では、相対度数のヒストグラムから平均・分散を計算しました。これと同じように、正規分布も相対度数のヒストグラムであると見なすことで平均・分散を計算することができるのです。

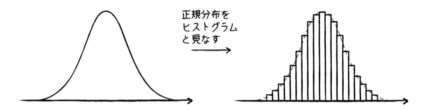

　正規分布の平均・分散を計算するといいましたが、逆に平均・分散の値を与えると正規分布の形が 1 つに決まります。平均 μ、標準偏差 σ の正規分布を $N(\mu,\ \sigma^2)$ で表します。$N(\bigcirc,\ \square)$ の□には分散を書きます。

　仮に、ある国の 25 歳男子の身長のデータをとって、平均が 170、標準偏差が 7 であるとします。「身長のデータが正規分布に従う」とは、ある国の 25 歳男子の身長のデータから作った相対度数のヒストグラムの概形が、平均 170、標準偏差 7 の正規分布 $N(170,\ 7^2)$ のグラフの曲線とほぼ重なるということです。

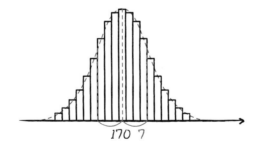

　少し注意して欲しいところは、度数のヒストグラムではなく、相対度数のヒストグラムの概形が正規分布の曲線で近似できるといっているところです。実は正規分布 $N(\mu,\ \sigma^2)$ の曲線とヨコ軸で挟まれた部分の面積は、μ、σ の値によらず、つねに 1 となります。ですから、柱状部分の面積の合計

が1となるように柱の幅を調節して相対度数のヒストグラムを描くとき、ヒストグラムの概形が正規分布の曲線で近似できるのです。

○ 正規分布は確率分布の1例

ここで、正規分布と確率の関係について説明しておきます。

点数のデータが下図のような相対度数のヒストグラムで分布しているものとします。

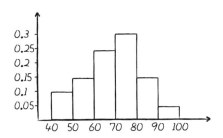

このときデータから1人を取り出すとき、その人の点数が60点以上70点未満である確率はいくらになるでしょうか。60点以上70点未満の人が全体の0.25いるので、取り出した人が60点以上70点未満である確率は0.25になります。このような状況で、相対度数は確率と解釈することができます。

相対度数＝確率

一方、すべての階級の相対度数を足すと1になりますから、「柱状部分の面積の合計が1である（以下では簡単に面積が1である、という）相対度数のヒストグラム」では、面積と相対度数は一致します。

面積＝相対度数

つまり、「面積が1である相対度数のヒストグラム」では、

面積＝確率

という関係が成り立っています。

　このことから、「面積が1である相対度数のヒストグラム」を近似する正規分布も面積が確率として解釈できるであろうと予想できます。実際、あとで問題として扱うように、データがある幅に入る確率を、正規分布を用いて求めることができるのです。

　このように、面積が1である相対度数のヒストグラムや正規分布では、面積を確率と解釈することができるので、相対度数のヒストグラムや正規分布は、確率の分布を表現していると捉えることができます。

　相対度数のヒストグラムや正規分布のような確率の分布を表現するヒストグラムやグラフを**確率分布（probability distribution）**といいます。

　曲線とヨコ軸の間に挟まれた部分の面積が1になるような曲線は、確率分布を表す曲線と捉えることができます。正規分布は数ある確率分布のうちの1つです。

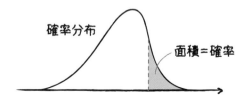

○標準正規分布

　ここで、正規分布 $N(\mu, \sigma^2)$ を標準化することを考えます。

　一般に、変量を標準化すると平均が0、標準偏差が1になりますから、正規分布 $N(\mu, \sigma^2)$ を標準化した分布は、平均が0、標準偏差が1の正規分布 $N(0, 1^2)$ になります。

　正規分布 $N(0, 1^2)$ を**標準正規分布（standard normal distribution）**と呼びます。

　標準正規分布は、統計学で非常に重要な役割を果たす分布です。この標

準正規分布は統計学の根幹を成しているといっても過言でないほどの重要な分布です。

p.53に挙げた正規分布に従うデータの例は単位もバラバラですし、平均も、標準偏差も異なります。しかし、各データを標準化して、相対度数のヒストグラムを描くと、そのグラフは平均が0、標準偏差が1の正規分布 $N(0,\ 1^2)$ の曲線で近似することができます。

多くのデータのヒストグラム（標準化して相対度数をとる）が、1つの形で表現できることは不思議で神秘的です。

標準正規分布 $N(0,\ 1^2)$ のグラフは、こんな形をしています。

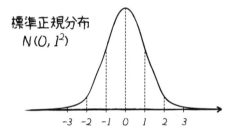

押さえておくべきことは、式が与えられているので座標平面上では形が決まっているということです。中学校で1次関数 $y = 2x + 3$ や2次関数 $y = 2x^2$ のグラフを描いたことを思い出してください。$y = (x\,の式)$ が与えられると、それに対応する直線や曲線が座標平面上で決まるのです。標準正規分布も $y = (x\,の式)$ の形ですから、座標平面上で形が決まります。

この標準正規分布 $N(0,\ 1^2)$ の曲線は、$y = \dfrac{1}{\sqrt{2\pi}}e^{-\frac{x^2}{2}}$ という式で表されます。この式の成り立ちを説明するには、理系の高校生が履修する数Ⅲを準備する必要がありますから、詳細は他書に譲り、先を急ぎます。

グラフのポイントを押さえておきましょう。

①　ヨコ軸とで挟まれた部分の面積は 1 になります。

　　標準正規分布のグラフの両端はどこまで行ってもヨコ軸と交わりません。y の値が 0 になることは無いので、面積を計算すると無限大になりそうですが、面積はちょうど 1 になります。

②　左右対称で、$x = 0$ のところで y の値が最大になります。

③　グラフを道路だと思って、その道路上を左から右に進むときのことを考えましょう。すると、$x = 1$、$x = -1$ のところで曲り方が変わります。

　　　　$x = -1$ よりも左では、　　　（左曲り）

　　　　$x = -1$ から $x = 1$ までは、　（右曲り）

　　　　$x = 1$ よりも右では、　　　（左曲り）

になっています。

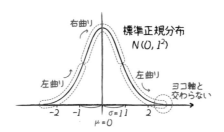

　一般に、曲線において、曲がり方が入れ替わる点を変曲点といいます。標準正規分布のグラフでは、$x = 1$、$x = -1$ で変曲点になっています。その変曲点から x 軸に下したところと 0 の距離が、ちょうど標準偏差 $\sigma = 1$ になります。

　標準正規分布は、統計上よく現れる分布なので、関数の形がよく調べられていて、そのヨコ軸と面積の関係が標準正規分布表にまとめられています。標準正規分布表のことを z テーブルともいいます。

問題 **1.06** 標準正規分布 $N(0, 1^2)$ のグラフで、次の面積を求めましょう。

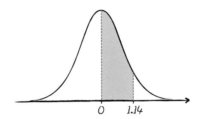

この値を調べるのに、標準正規分布表（p.336）を用います。

1.14（＝ 1.1 ＋ 0.04）を 1.1 と 0.04 というように、小数点第 1 位までと小数点第 2 位に分けて表での値を調べます。1.14 のように、標準正規分布表を調べるときの値を z スコアといいます。

すると、0.3729 という値が見つかります。このことから、アカい部分の面積が 0.3729 であることが分かります。

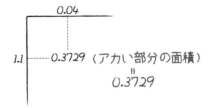

つまり、標準正規分布表の左欄 a、上欄 b のところには、標準正規分布のグラフでの 0 から $a + b$ までの部分の面積が書かれているのです。

試験を受けるときは標準正規分布表を用いるしかありませんが、この値を知るには他にもいくつか方法があります。

ネットで調べるには、カシオの高精度計算サイト keisan が重宝します。このサイトで、専門的な計算＞統計関数のページには標準正規分布以外にも統計学で用いる代表的な分布が掲載されています。高精度と謳うだけあって、Excel よりも正確な値を返すようです。

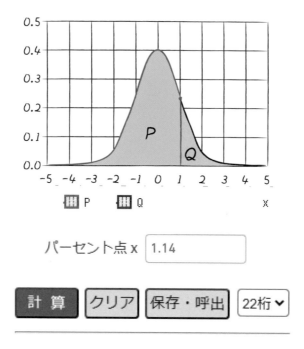

パーセント点 x　1.14

計 算　クリア　保存・呼出　22桁 ∨

　標準正規分布のページで、パーセント点 x の欄に 1.14 を入力して計算ボタンを押すと、1.14 を境にして左側の面積（P：下側累積確率）と右側の面積（Q：上側累積確率）を計算してくれます。下側累積確率の値（0.87285…）から 0.5 を引けば、標準正規分布表から求めた値にほぼ等しくなります。

　Excel であれば、適当なセルを選んで、＝ NORM.S.DIST（1.14, TRUE）と打ち込むと、下側累積確率の値（0.87285…）を返します。

問題 **1.07** 標準正規分布 $N(0, 1^2)$ のグラフで、次の面積を求めましょう。

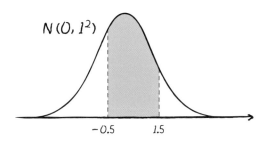

標準正規分布表 (z テーブル) を用いるのであれば、負の部分と正の部分に分けて計算します。

標準正規分布表には -0.5 はありませんから、0.5 を調べます。対称性を用いて次のように計算できます。

標準正規分表を調べて、

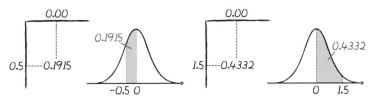

なので、面積は　$0.1915 + 0.4332 = 0.6247$

カシオのサイト

標準正規分布のページで、-0.5、1.5 のときの下側累積確率をそれぞれ求めると、0.30853…、0.93319… となります。これの差をとって、

$$0.9332 - 0.3085 = 0.6247$$

Excel

$$\text{NORM.S.DIST}(1.5, \text{TRUE}) - \text{NORM.S.DIST}(-0.5, \text{TRUE})$$

この表を用いると、逆に面積が与えられて、それを実現するような範囲を求めることもできます。

問題 **1.08** 標準正規分布 $N(0, 1^2)$ のグラフで、アカい部分が以下の面積となるような x を求めてみましょう。

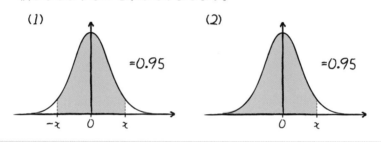

---

(1)

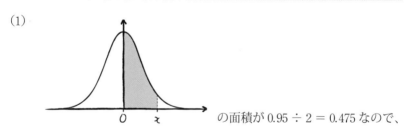

の面積が $0.95 \div 2 = 0.475$ なので、

表中の数字から 0.475 となるところを探します。

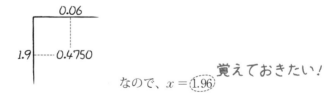

なので、$x = \boxed{1.96}$　覚えておきたい！

$x = 1.96$ より右側（上側）の面積が 0.025 になるので上側 2.5% 点と呼ばれます。

他の調べ方も記しておきます。何通りもありますから 1 例を示します。

カシオのサイト

右側で塗られていない部分の面積は $(1 - 0.95) \div 2 = 0.025$

標準正規分布（パーセント点）のページで上側累積確率をチェックして
累積確率の欄に 0.025 を入れる

Excel

$0.5 + 0.475 = 0.975$ なので、NORM.S.INV(0.975)

（2）

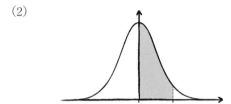

の面積が $0.95 - 0.5 = 0.45$

表から 0.45 となるところを探します。

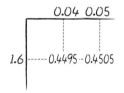

なので、$x = 1.64$

カシオのサイト

標準正規分布（パーセント点）のページで下側累積確率をチェックして累
積確率の欄に 0.95 を入れる

Excel

NORM.S.INV(0.95)

この 1.96、1.64 はのちのち重要になってくる値ですから、覚えておいて
も損はありません。

○一般の正規分布 $N(\mu,\ \sigma^2)$ で近似する

標準正規分布 $N(0,\ 1^2)$ のグラフについては面積の求め方が分かりました。次に一般の正規分布 $N(\mu,\ \sigma^2)$ のグラフで面積を求めてみましょう。

結論からいうと、正規分布 $N(\mu,\ \sigma^2)$ での面積を求めるには、標準化して標準正規分布 $N(0,\ 1^2)$ の面積に帰着させるとよいのです。

すなわち、正規分布 $N(\mu,\ \sigma^2)$ の x より左の部分（図のアカい部分）の面積（下側累積確率）は、標準正規分布 $N(0,\ 1^2)$ の $\dfrac{x-\mu}{\sigma}$ より左の部分（図のアカい部分）の面積（下側累積確率）に等しくなります。

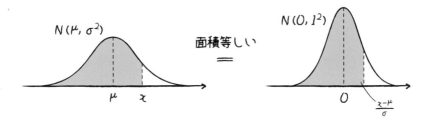

$N(0,\ 1^2)$ は $N(\mu,\ \sigma^2)$ の標準化でしたから、$N(\mu,\ \sigma^2)$ の曲線を、x 軸方向に $-\mu$ だけ平行移動し、対称の軸を固定して x 軸方向に $\dfrac{1}{\sigma}$ 倍、y 軸方向に σ 倍すると、$N(0,\ 1^2)$ の曲線になります。標準化は変量から μ を引いて、σ で割る操作なので、y 軸方向に σ 倍することに疑問を持つかもしれません。これは、$N(\mu,\ \sigma^2)$ とヨコ軸で囲まれた部分、$N(0,\ 1^2)$ とヨコ軸で囲まれた部分が、ともに 1 で等しくなるために必要なのです。

$N(\mu,\ \sigma^2)$ の x 以下の部分と $N(0,\ 1^2)$ の $\dfrac{x-\mu}{\sigma}$ 以下の部分が対応して面積が等しくなります。

なお、問題の解答中では正規分布 $N(\mu,\ \sigma^2)$ と標準正規分布 $N(0,\ 1^2)$ を図形として合同に描いてしまいます。実際、座標の目盛りを調節すれば合同に描くことができますし、その方が分かりやすいからです。

問題 **1.09** 下図は、平均 10、分散 4 の正規分布 $N(10, 4)$ のグラフです。アカい部分の面積を求めてください。

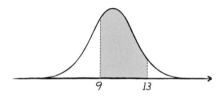

アカい部分は 9 から 13 までです。これを標準化しましょう。

分散が 4 なので、標準偏差は $\sqrt{4} = 2$ です。

平均 μ、標準偏差 σ のとき、データの値 x は、$\dfrac{x - \mu}{\sigma}$ と標準化されますから、

9、13 を標準化すると、

$$9 \to \overset{\text{平均}}{\frac{9 - 10}{2}} = -0.5 \qquad 13 \to \frac{13 - 10}{2} = 1.5$$

（平均 → 分子の 10、標準偏差 → 分母の 2）

となります。これが z スコアです。

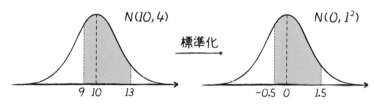

標準正規分布表を調べて、

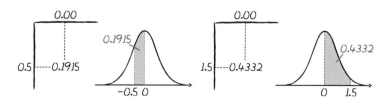

なので、面積は　0.1915 ＋ 0.4332 ＝ 0.6247

　次に、正規分布による近似を用いる問題を解いてみましょう。

問題 **1.10**　ある国の 25 歳男子 1 万人の身長のデータをとると、平均が 170cm、標準偏差が 6cm でした。この 1 万人のうち、身長が 167cm 以上、179cm 以下の人はおよそ何人いると考えられますか。

　身長のデータの相対度数のヒストグラムが、正規分布で近似できることを用います。

　このヒストグラムは、平均 170、標準偏差 6 の正規分布 $N(170,\ 6^2)$ で近似することができます。

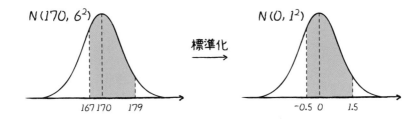

　正規分布 $N(170,\ 6^2)$ の、167 から 179 までの面積を計算します。

　標準化すると、

$$\frac{167-170}{6} = -0.5 \qquad \frac{179-170}{6} = 1.5$$

となります。標準正規分布 $N(0,\ 1^2)$ の、− 0.5 から 1.5 までの面積はすでに p.61 で計算していて、0.6247 です。

　これは、正規分布 $N(170,\ 6^2)$ のグラフと x 軸の間の面積 1 に対して、167 から 179 までの面積が 0.6247 であることを表しています。

　身長データの相対度数のヒストグラムは、正規分布 N（170, 6^2）のグラフで近似できますから、167cm 以上、179cm 以下の人が全体の 0.6247 であると考えられます。

　身長のデータが正規分布で近似できると仮定すると、ある国の 25 歳男子 1 万人のうち、167cm 以上、179cm 以下の人数は、およそ

$$10000 \times 0.6247 = 6247（人）$$

です。

| COLUMN | 偏差値 |

「偏差値」という言葉はみなさんも耳にしたことがあるでしょう。

ここで「偏差値」の定義を紹介しましょう。

テストのデータの平均を μ、標準偏差を σ とします。

このテストで点数が X だった人の偏差値 Y は、

$$Y = 50 + \frac{X - \mu}{\sigma} \times 10$$

と定義されます。点数と偏差値の関係を数直線の上に表すと次のようになります。

$\dfrac{X - \mu}{\sigma}$ は標準偏差の σ を掛けて、μ を足せばもとの X に戻ります。ところが、$\dfrac{X - \mu}{\sigma}$ を 10 倍して 50 を加えているということは、標準偏差を 10、平均を 50 と見立てて計算していることになります。

つまり、偏差値というのは、平均 μ、標準偏差 σ のテストのときに X 点をとった人は、平均 50、標準偏差 10 のテストであれば何点とれているかを割り出したものなのです。このように換算しておけば、平均・標準偏差が異なる複数のテストについても、それらの成績を比較することができるようになります。

$\dfrac{X - \mu}{\sigma}$ の実際の値は 1.2 とか、-0.8 とかになり、テストの点数らしくあり

ません。そこで平均点を 50 点にし、標準偏差を 10 点としたのでしょう。こうすると偏差値があたかも 100 点満点のテストの点数のように見えますから。

問題 **1.11**　テストの点数の分布が正規分布で近似できるとすると、偏差値が 70 以上の人は全体の何パーセントいるでしょうか。

相対度数分布グラフは、次の図のようになります。

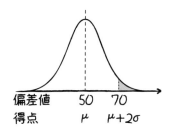

$$70 = 50 + \frac{X - \mu}{\sigma} \times 10 \text{ より、} \frac{X - \mu}{\sigma} = 2 \quad X = \mu + 2\sigma$$

標準正規分布表を用いて、

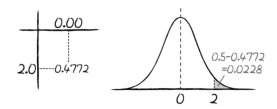

なので、アカい部分の面積は、0.5 − 0.4772 = 0.0228 であり、偏差値が 70 以上の人は受験者全体の 2.3% です。

　つまり、受験者数が 10000 人いるとしたら、偏差値 70 以上の人は、順位が 230 位以上であることが分かります。

UNIT 3

3-2 | 正規分布が持っている すばらしい特徴
—— 再生性、中心極限定理

正規分布が筋のいい確率分布であるのはなぜでしょうか。

○ 正規分布の筋のいい性質

前の節では、ヒストグラムを正規分布で近似することで、分布の度数を求めました。

正規分布が統計学で重要である理由はこれだけではありません。正規分布は非常に筋のよい性質を持っているので、統計学の理論的支柱になっているのです。これからその性質を2つ説明していきましょう。

○ 再生性

初めに紹介するのは、正規分布の再生性と呼ばれる性質です。

これは、簡単にいうと、2つのデータがそれぞれ正規分布に従っているとき、2つのデータの和で表される変量が再び正規分布に従うという性質です。

例えば、健康な30歳男子に関して集めた、身長(cm)と最高血圧(mmhg)の2変量のデータがあるとします。身長、最高血圧は、それぞれ正規分布に従っているものとします。このとき、各個人に対して「身長＋最高血圧」のデータを作ります。すると、「身長＋最高血圧」のデータも正規分布に従うのです。身長と最高血圧は単位も内容も異なる指標ですから、「身長＋最高血圧」は数値としてまったく意味を持っていません。それでも、正規分布に従うということは驚くべきことだと思います。

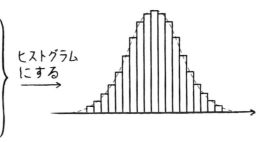

身長	最高血圧	計
⋮	⋮	⋮
172	118	290
183	130	318
165	141	306
⋮	⋮	⋮

ヒストグラムにする

　一般化してまとめておきます。データ A、データ B がそれぞれ「独立に」正規分布 $N(\mu_1,\ \sigma_1^2)$、$N(\mu_2,\ \sigma_2^2)$ に従っているものとします。

　「独立に」とは、数学的にいうと難しいので、無関係にというぐらいの意味で捉えておきましょう。この例でいえば、身長と血圧には関係性が見られないということです。もしも、身長の高い人が血圧が高いという関係があるようであれば、独立とはいえなくなります。

　さて、データ A から個体を 1 個取り出し変量が x、データ B から個体を 1 個取り出し変量が y であるとします。このとき、変量の和 $x + y$ の度数を 1 とし、これを何回も繰り返してデータ C を作ります。こうして作ったデータ C は正規分布 $N(\mu_1 + \mu_2,\ \sigma_1^2 + \sigma_2^2)$ に従います。

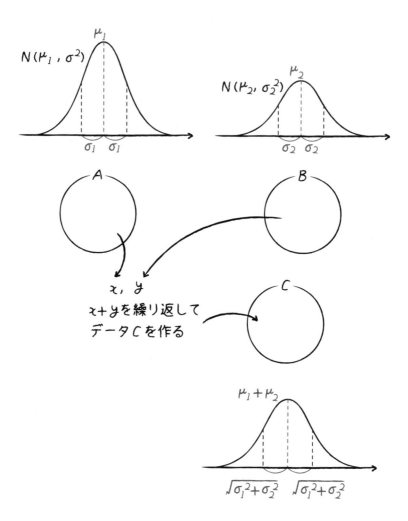

問題 **1.12**　1000 人に数学と英語のテストをしました。数学は平均 45、標準偏差 6、英語は平均 65、標準偏差 8 の正規分布に従っていました。このとき、50 位の人の合計点はおよそ何点だと考えられますか。ただし、数学の点数のデータと英語の点数のデータは独立とします。

数学の点数を変量 x、英語の点数を変量 y とすると、

x は $N(45, \ 6^2)$、y は $N(65, \ 8^2)$ に従います。すると、数学と英語の合計点を表す変量 $x + y$ は、$N(45 + 65, \ 6^2 + 8^2) = N(110, \ 10^2)$ に従います。

1000 人中 50 位の人は上位 5％です。アカ太線部は $0.5 - 0.05 = 0.45$ となるので、標準正規分布表から 0.45 を探し、1.64 が見つかります。

50 位の人は、$110 + 10 \times 1.64 = 126.4$(点)と考えられます。

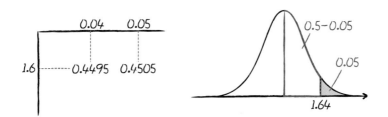

正規分布の再生性が有効なのは、一度に複数個を取り出したときのデータの平均の分布を考える場合です。これは、検定・推定を紹介するときに重要な考え方ですが、検定・推定の手順だけを知ることができればよいと考えている人は、飛ばして構いません。

平均 μ、標準偏差 σ(分散 σ^2)の正規分布 $N(\mu, \ \sigma^2)$ に従うデータ A があります。データ A から n 個の個体 x_1、x_2、…、x_n を取り出し、その変量の和 $x_1 + x_2 + \cdots + x_n$ を記録することを繰り返してデータ B を作ります。

すると、正規分布の再生性により、データ B の平均、分散は、データ A の平均、分散のそれぞれ n 倍になります。すなわち、データ B は平均 $n\mu$、

分散 $n\sigma^2$ の正規分布 $N(n\mu,\ n\sigma^2)$ に従います。

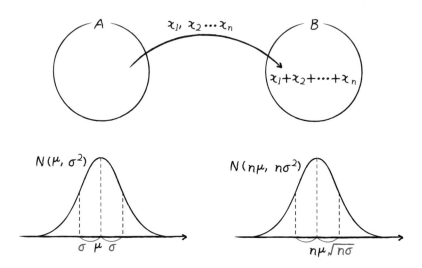

　　データ A から n 個の個体を取り出し、変量 x_1、x_2、…、x_n の平均

$\dfrac{x_1 + x_2 + \cdots + x_n}{n}$ を記録することを繰り返してデータ C を作ります。

　　データ C はデータ B（正規分布 $N(n\mu,\ n\sigma^2)$ に従う）の $\dfrac{1}{n}$ 倍ですから、
データ C の平均、分散は、p.48 の「定数倍」の法則を用いて、

　　平均　$n\mu \times \dfrac{1}{n} = \mu$

　　分散　$n\sigma^2 \times \left(\dfrac{1}{n}\right)^2 = \dfrac{\sigma^2}{n}$

です。データ C は平均 μ、標準偏差 $\dfrac{\sigma}{\sqrt{n}}$ の正規分布 $N\left(\mu,\ \dfrac{\sigma^2}{n}\right)$ に従います。

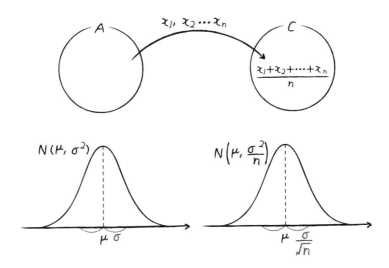

あとあと用いるので、まとめておきます。

標本平均が従う分布

平均 μ、標準偏差 σ（分散 σ^2）の正規分布 $N(\mu,\ \sigma^2)$ に従うデータ A から n 個の個体を取り出し、変量 x_1、x_2、$\cdots$、x_n の平均

$\dfrac{x_1 + x_2 + \cdots + x_n}{n}$ を記録することを繰り返してデータ C を作る。すると、データ C は、平均 μ、標準偏差 $\dfrac{\sigma}{\sqrt{n}}$ の正規分布 $N\left(\mu,\ \dfrac{\sigma^2}{n}\right)$ に従う。

○ 中心極限定理

正規分布に従うデータからランダムに n 個の個体を取り出し、変量 x_1、x_2、$\cdots$、x_n の平均 $\dfrac{x_1 + x_2 + \cdots + x_n}{n}$ を記録することを繰り返して作ったデータを「n 個平均データ」と呼ぶことにします。

　もとのデータが正規分布に従うとき、「n 個平均データ」は正規分布に従うことが保証されます。もとのデータが正規分布でない場合は、「n 個平均データ」が正規分布に従うとは限りません。

　しかし、n の値が十分に大きいときは、もとのデータが正規分布に従わない場合でも、「n 個平均データ」は正規分布に従うことを主張する定理が、中心極限定理です。

　実感を伴うように、具体的な数字を交えて説明してみましょう。

　データ A のヒストグラムには2つの山がある（双峰性）とします。データ A から作った「n 個平均データ」をデータ B(n) とします。

　データ A からランダムに1個の個体を取り出して変量を記録することを繰り返してデータを作ります。これは $n = 1$ のときですからデータ B(1) です。データ A の相対度数のヒストグラムとデータ B(1) の相対度数のヒストグラムは一致します。

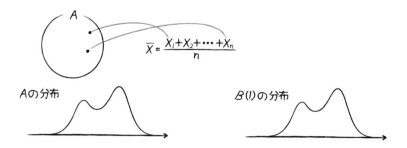

　データ A のヒストグラムに2つの山があれば、データ B(1) のヒストグラムにも2つの山があります。

　データ A から作った「5個平均データ」B(5) の相対度数のヒストグラムは、データ A の相対度数のヒストグラムよりヨコ幅は小さくなりますが、2つの山は残ったままでしょう。「10個平均データ」B(10) の相対度数のヒストグラムでも2山残っているかもしれません。しかし、データ A から作っ

た「50個平均データ」B (50) の相対度数のヒストグラムは、2つの山がなくなっていてほとんど正規分布に従うというのです。

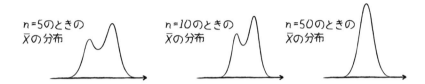

もとのデータを具体的に与えているわけではありませんから、5、10、50という数は架空の数ですが、中心極限定理の主張の理解の助けになると思います。

もとのデータのヒストグラムの形によらず、n が十分に大きければ「n 個平均データ」が正規分布に従うのですから不思議です。

統計学において正規分布の果たす役割が大きいことを十分に納得することができる定理であると思います。

UNIT

4 検定の考え方

4-1 | その仮説は正しいの?
──検定の原理と論法の型

こんなコトが起こるなんてウソだろ

この節では、統計学の重要な手法である「検定」の原理について例を挙げて説明します。検定という用語より、**仮説検定**(hypothesis testing)の方が中身を表してふさわしいですが、この本では簡潔に「検定」を使っていきます。

物語風に検定の原理について解説してみましょう。

問題 **1.13** 二項検定

あなたは C 国を旅行中、市場で次のような看板を出している店を見つけました。

「コイン投げ　当てたら $100 進呈。1 回 $10」

(1 回 $10 払って、店主の投げたコインの表裏を当てれば $100 もらえる)

すぐには参加せず様子を見ていると、6 人の客がこの賭けに参加して、全員がコインの表裏を当てることができませんでした。あなたは、この状況をどう考えますか。

「公正なコイン投げであれば、

　6人が連続で負けるなんてことはあり得ない。

　きっと、いかさまが行なわれているんだろう」

　こう思うことができれば、もうあなたは立派に検定の論法を身につけているといえます。検定で用いている論法は、

「ある仮定（前提）のもとで、

　ありえそうもないことが起こったとき、

　その仮定（前提）を否定する」

という論法なのです。コイン投げの例に沿って合わせて書くと、

「公正なコイン投げであれば、

　ある仮定（前提）のもとで、

　6人が連続で負けるなんてことはあり得ない。

　ありえそうもないことが起こった

　きっと、いかさまが行なわれているんだろう」

　　　　　　その仮定（前提）を否定する

　この例に沿って、少し統計学の用語を紹介しておきましょう。

　コイン投げの例において、コイン投げが公正に行なわれているということが仮定（前提）です。この仮定（前提）は、ありえそうもないことが起こった（6回連続で負ける）ので否定されました。

　このようなあとで否定される仮定を、統計学では**帰無仮説**（null hypothesis）と呼びます。最終的に否定され、無に帰することが期待されている仮定だからです。

　「ありえそうもないこと」は、数学の言葉で「起こる確率が小さいこと」と言い換えられます。起こる確率が小さいことが起こったときに、帰無仮

説を否定するわけです。「確率が小さい」では漠然としていますから、帰無仮説を疑う・疑わないの基準を数値で設定します。これを**有意水準**（**significance level**）といいます。

　この本では、有意水準を一律5%に設定して説明します。検定が扱う題材によっては、有意水準をもっと小さくしなければなりません。例えば、新薬や治療の臨床実験や物理実験では有意水準を1%にする場合があります。

　仮定（前提）を「否定する」ことを統計学では「棄却する（reject）」といいます。

　検定で用いる論法を、統計学の用語を用いて述べてみると、

「帰無仮説を設定し、

　確率5%以下のことが起こったとき、

　帰無仮説を棄却する」

となります。

　コイン投げの例では、6回連続で客が負けています。公正なコインであれば、当たる確率と当たらない確率はそれぞれ2分の1ですから、6回連続で負ける確率は、

$$\frac{1}{2} \times \frac{1}{2} \times \frac{1}{2} \times \frac{1}{2} \times \frac{1}{2} \times \frac{1}{2} = \frac{1}{64} = 0.015625 \qquad 約1.6\%$$

です。

　コイン投げの初めの推論をまとめると、

「公正なコイン投げで、

　帰無仮説：外れる確率は2分の1

　6人が連続で負けた。

　確率1.6%のことが起こった

きっと、<u>いかさまが行なわれているんだろう</u>」
帰無仮説を棄却⇒コイン投げは公正ではない

○ 母比率の検定

以上で、原理はお分かりいただけたと思います。

さらに、続く問題で検定を詳しく説明していきます。

その前に、簡単な例で確率のトレーニングをしておきましょう。

コインを投げて表が出る確率は 2 分の 1 です。1 から 6 までの目が書かれている立方体のサイコロを投げて 5 の目が出る確率は 6 分の 1 です。

箱の中に 7 個の赤玉と 3 個の白玉、合計 10 個の玉が入っています。この箱の中から 1 個の玉を取り出すとき、取り出した玉が赤玉である確率は $\frac{7}{10}$ になります。

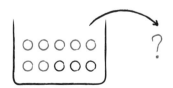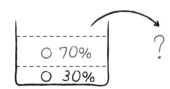

　箱の中に何個か玉が入っています。総数は分かりませんが、70%が赤玉で、30%が白玉であることが分かっています。この中から 1 個の玉を取り出すとき、取り出した玉が赤玉である確率は 70%、すなわち $\frac{7}{10}$ になります。

　つまり、取り出した玉が赤玉である確率は、箱の中の赤玉と白玉の構成比によって決まります。

　しかし、10 個の玉を取り出したからといって、つねにそのうちの 7 個が赤玉であるわけではありません。10 個の 70%は 7 個ですが、必ずしもそうはならないことに注意しましょう。

　ここまで確認したら次の問題に進みましょう。

| 問題 | **1.14**　母比率の検定

　ある国の大統領の支持率は 70%であると発表されています。そこで、電話番号を適当に押して 20 人に電話を掛け、大統領を支持するか否かを聞いてみました。すると、大統領を支持すると答えた人は 10 人でした。支持率が 70%であることを検定してください。

　検定の論法は、「帰無仮説を設定し、確率 5%以下のことが起こったとき、帰無仮説を棄却する」でした。

　この問題の場合、帰無仮説は「支持率が 70%である」です。

　この仮定（帰無仮説）のもとで、「20 人中 10 人が大統領支持」となることを確率で捉えてみましょう。

　「支持率が 70%」である場合、適当にかけた電話の相手が支持と回答する確率は 70%$\left(\frac{7}{10}\right)$、不支持と答える確率は 30%$\left(\frac{3}{10}\right)$です。

　すると、20 人に電話して、n 人が支持と答える確率は、

$$_{20}\mathrm{C}_n \left(\frac{7}{10} \right)^n \left(\frac{3}{10} \right)^{20-n}$$

と計算できます。

$_{20}\mathrm{C}_n$ が分からない人も気にせず読み進めてください。$_{20}\mathrm{C}_n$ の計算の仕方、なぜこの式で確率を求めることができるかは 2 章で説明します。

例えば、$n = 18$ のとき、

$$_{20}\mathrm{C}_{18} \left(\frac{7}{10} \right)^{18} \left(\frac{3}{10} \right)^{20-18} = 0.0278 \quad \to \quad 2.78\%$$

すなわち、20 人中 18 人が支持と答える確率は 2.78% と求まります。

n に 0 から 20 までの数を入れて確率を計算し、ヒストグラムを作ると次のようになります。n が 0 から 5 までは 0.005% 未満なので表では省略しました。

n	6	7	8	9	10	11	12	13
確率(%)	0.02	0.10	0.39	1.20	3.08	6.54	11.44	16.43

14	15	16	17	18	19	20
19.16	17.89	13.04	7.16	2.78	0.68	0.08

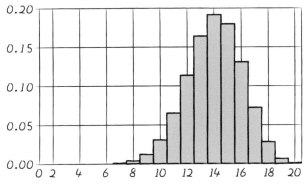

　一番確率が大きい場合は、$n = 14$ です。これは $20 \times 0.7 = 14$ ですから納得がいきます。このヒストグラムの形は、$n = 14$ を中心にして左右に山型に広がっています。

　ありそうもない確率が 5% 未満になる場合を設定しましょう。ここでは、n が小さい場合と n が大きい場合で 2.5% 未満ずつ設定します。

　n が小さい方から設定します。

　$n = 0$ から $n = 9$ までの % を足すと、

　$0.02 + 0.10 + 0.39 + 1.20 = 1.71\%$

（$n = 0$ から $n = 5$ まではほぼ 0 なので $n = 6$ からしか書いていません）

　$n = 0$ から $n = 10$ までの % を足すと、

　$0.02 + 0.10 + 0.39 + 1.20 + 3.08 = 4.79\%$

となり 2.5% を越えますから、小さい方は $n = 0$ から $n = 9$ までとします。

　次に大きい方で 2.5% 未満の場合を設定します。

　$n = 19$、$n = 20$ のときの % を足すと、

　$0.68 + 0.08 = 0.76\%$

　$n = 18$ から $n = 20$ までの % を足すと、

　$2.78 + 0.68 + 0.08 = 3.54\%$

となり 2.5% を越えますから、大きい方は $n = 19$ から $n = 20$ までとします。

　つまり、n が「0 から 9 まで、または 19 から 20 まで」になる確率は 5% 未満です。「0 から 9 まで、または 19 から 20 まで」をヒストグラムに書き込むと、次のようになります。

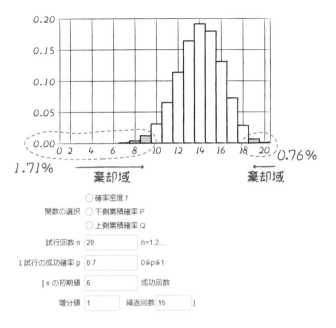

　n が 0 から 9 まで、または 19 から 20 までの数になったときに、ありえそうもないことが起こったとして、帰無仮説「支持率は 70%」を棄却することにします。「0 から 9 まで、または 19 から 20 まで」を**棄却域**（rejection region）といいます。

　この問題の場合、$n = 10$ ですから帰無仮説「支持率は 70%」は棄却されません。このようなとき、帰無仮説を「**受容する**（accept）」または帰無仮説は「**棄却できない**（fail to reject）」といいます。

　このように、検定では棄却域を設定し、n の実現値が棄却域に入るか否かで帰無仮説を棄却するか否かを決めます。

　ここまでで、この問題の検定の仕組みはお分かりいただけたと思います。この問題を通して、統計学の用語を紹介していきましょう。

　この問題では、ある国の大統領の支持率を調べるために、国民の一部(20人) を取り出してその支持率について検討しています。このように全体についての情報を知りたいとき、その一部を取り出して調べることは日常でもよくあることです。

　例えば、料理のときの味見や交通違反取り締まりなどがそうです。全体を調べることが不可能な場合、また全体を調べるには多大なコストがかかる場合は、その一部を取り出して、全体の状況を推測することになります。

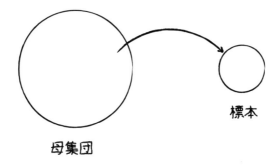

　統計学では、調べたい全体を**母集団**(population)、調べるために取り出した一部を**標本**(sample)といいます。この問題の場合、ある国の国民全員が母集団、電話調査をした 20 人が標本です。

　支持率は、国民全体のうち大統領を支持する国民の比率です。母集団に含まれる個体のうち、ある特徴を持つ個体の比率を**母比率**といいます。この問題 1.14 は、母比率を検定する問題です。

　ちなみに、母集団の平均を**母平均**、分散を**母分散**といいます。

　検定のように、母集団の統計的特徴を標本から把握する手法を扱う統計学を**推測統計学**(inferential statistics) といいます。推測統計学が扱う手法は、検定の他に標本から母集団の平均や分散・標準偏差を予測する「推定」(次節で扱う)があります。

　この問題で、n の棄却域は、「0 から 9 または 19 から 20」というように、小さい方と大きい方に分かれていました。このように、左右両側に棄却域をとって検定することを**両側検定（Two-tailed test）**といいます。両側に棄却域をとった理由は、$p = 0.7$ を否定したとき、真の p の値は小さい方に外れる可能性もあるし、大きい方に外れる可能性もあるからです。それで、小さい方、大きい方それぞれに 2.5% 未満になるように棄却域をとったのです。

　もしも、支持率が $p = 0.7$ よりも小さいことが確実で、小さい方だけで 5% 未満になるように棄却域をとるとすれば、n を 0 から 10 までにしたときの和が 4.79% ですから、0 から 10 までを確率 5% 未満となる棄却域としてとることができます。このように一方に棄却域をとって検定することを**片側検定（one-sided test）**といいます。

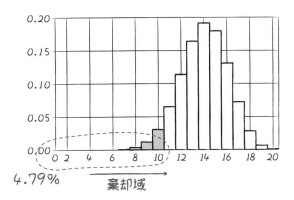

　この問題の場合、$n = 10$ ですから、n の小さい方に棄却域をとって有意水準 5% の片側検定をすると帰無仮説は棄却されます。両側検定のときと異なる検定の結果となります。

　両側検定にするか、片側検定にするかは実際にはナーバスな問題です。帰無仮説を棄却したいがために、あとから片側検定で判断することはフェアではありません。

　検定における推論の表記の仕方についても紹介しましょう。

　帰無仮説を H_0、支持率を p と表せば、帰無仮説は

$$H_0 : p = 0.7$$

と表されます。これに対して、帰無仮説を否定した内容の仮説を**対立仮説**（alternative hypothesis）といいます。対立仮説を H_1 とすれば、

$$H_1 : p \neq 0.7$$

となります。n が 5％未満の棄却域に入り、帰無仮説を棄却するとき、対立仮説を採択することになります。

　この記号を用いてこの問題の検定結果をまとめると次のようになります。

> 　　　ある国の大統領支持率を p とする。帰無仮説 H_0、対立仮説 H_1
> 　　　　　　を、
> $$H_0 : p = 0.7$$
> $$H_1 : p \neq 0.7$$
> とする。有意水準 5％のときの n の棄却域は、0 から 9 まで、または 19 から 20 までである。標本では $n = 10$ なので、H_0 は有意水準 5％で棄却することはできない（受容される）。

検定（z 検定）

次の問題でさらに進んだ検定について解説していきます。

問題 **1.15** 母平均の検定（σ 既知）

ある会社では、63mm の規格のねじを製造しています。5 個のサンプル
を取り出して長さを測ったところ、次のような値を得ました。

$$64 \qquad 61 \qquad 63 \qquad 65 \qquad 67$$

このねじでの工程では 63mm の規格は守られているでしょうか。製品
の平均が 63mm であることを有意水準 5％で検定してください。ただし、
過去のデータからねじの長さの標準偏差は $\sigma = 3$（mm）であることが分
かっているものとします。

この問題では 5 個のサンプルを取り出しています。これが標本です。こ
の工程で作ったねじとこれから作るねじのすべてを母集団と考えましょ
う。母集団の個数は決められませんがしかたありません。製品の規格を検
定するときや農産物の生育の違いを検定するときなど、母集団を特定でき
ない場合は検定ではよくあることです。それでも、母集団の平均 μ、分散
σ^2 が定まっているとして議論を進めます。

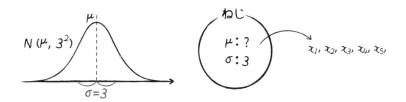

この工程で作られるねじ（母集団）の平均を μ（mm）とします。すると、
帰無仮説 H_0、対立仮説 H_1 は次のようになります。

$$H_0 : \mu = 63$$

$$H_1 : \mu \neq 63$$

　次に、5個のサンプルが 64、61、63、65、67 となる状況が、確率 5% 未満の状況であるのかを判定します。

　確率を求めるために、母集団に正規分布を仮定します。

　帰無仮定 $H_0：\mu = 63$ ですから、母集団が平均 $\mu = 63$、標準偏差 $\sigma = 3$ の正規分布 $N(63,\ 3^2)$ に従っていると仮定するのです。ここが、前の問題との大きな違いです。

　p.75 で述べたように、一般に正規分布に従っている母集団から、標本を取り出したとき、標本の「平均」は正規分布に従います。

　「平均」が正規分布に従うとは、標本を取り出して平均を記録することを何回も繰り返して分布を調べると、その分布が正規分布になっているということです。

　平均 $\mu = 63$、標準偏差 $\sigma = 3$ の正規分布 $N(63,\ 3^2)$ に従っている母集団から、5個の標本 x_1、x_2、x_3、x_4、x_5 を取り出したときの

　「平均 $\dfrac{x_1 + x_2 + x_3 + x_4 + x_5}{5}$」は、平均 63、標準偏差 $\dfrac{3}{\sqrt{5}}$ の正規分布

$N\left(63,\ \left(\dfrac{3}{\sqrt{5}}\right)^2\right)$ に従います。

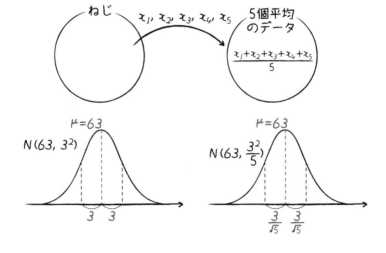

5 個の標本の値は、64、61、63、65、67 でした。

取り出した標本の平均を計算すると、

$$\frac{64 + 61 + 63 + 65 + 67}{5} = 64$$

です。これが正規分布 $N\left(63, \left(\frac{3}{\sqrt{5}} \right)^2 \right)$ のどこに位置するかを調べましょう。

64 を標準化しましょう。標準化したときの値を z とすると、

$$z = \frac{64 - 63}{\frac{3}{\sqrt{5}}} = 0.75$$

です。

正規分布 $N(0,\ 1^2)$ のグラフで、下の網目部の面積が全体の 5%となるときの x の値は、p.62 の問題 1.08(1)より 1.96 です。

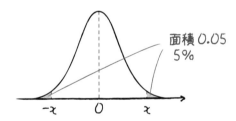

面積 0.05
5%

ですから、有意水準 5%で両側検定するとき、棄却域は$-$ 1.96 以下または 1.96 以上です。0.75 は棄却域の中に入っていませんから、帰無仮説 H_0 は棄却することができません。帰無仮説 H_0 は受容されます。

このような連続した区間で表された棄却域の端の値を**臨界値**（critical value）といいます。この場合の臨界値は 1.96 と$-$ 1.96 です。

検定のときに確率を求めるときの補助となる量のことを**検定統計量**（test statistic）といいます。この検定では z が検定統計量です。

　この問題のように、標準正規分布を用いて棄却域を定める検定を z 検定といいます。

　前の問題では母集団の母比率から直に標本が起こる確率を求めましたが、この問題では母集団に正規分布を仮定することで標本が起こる確率を求めました。

　母集団に特定の分布形状を仮定しないで行なう検定を**ノンパラメトリック検定**（nonparametric test）、分布を仮定して行なう検定をパラメトリック検定（parametric test）といいます。この本ではノンパラメトリック検定から紹介しましたが、歴史的にはパラメトリック検定の方が先です。上の問題のように、パラメトリック検定の場合、棄却域を定めるために母集団に分布を仮定しなければなりません。

　上の問題では、検定統計量が従う分布は正規分布でしたが、検定統計量の作り方によっては t 分布（ティー分布）、χ^2 分布（カイ2乗分布）、F 分布（エフ分布）などの確率分布を用いることになります。

　次の問題では、検定統計量が χ^2 分布に従う性質を用います。χ^2 分布なんて知らない、と不安に思われるかもしれませんが安心してください。

　正規分布とは形が違っていますが、形は知らなくとも構いません。表を読んで確率を知ることができれば、検定の用が足ります。

問題 **1.16**　母分散の検定（μ 既知）

　ある会社では、63mm の規格のねじを製造しています。5個のサンプルを取り出して長さを測ったところ、次のような値を得ました。

$$64 \qquad 61 \qquad 63 \qquad 65 \qquad 67$$

製品のばらつきを抑えるために、標準偏差 $\sigma = 3$（mm）であると工場主

は考えています。この σ を有意水準 5% で検定してください。製品の平均は 63mm であることは分かっているものとします。

　帰無仮説 H_0、対立仮説 H_1 を次のように設定します。

$$H_0 : \sigma = 3$$
$$H_1 : \sigma \neq 3$$

　確率を求めるために、母集団に分布を仮定します。帰無仮説 $H_0 : \sigma = 3$ ですから、母集団が平均 $\mu = 63$、標準偏差 $\sigma = 3$ の正規分布 $N(63,\ 3^2)$ に従っていると仮定します。

　ここまでは前問と同じですが、次からが違います。今回は、分散の検定なので、正規分布は使えないのです。

　母平均 μ が与えられていて、母分散 σ^2 を検定するときの検定統計量 T の作り方は、

$$T = \frac{(x_1 - \mu)^2 + (x_2 - \mu)^2 + (x_3 - \mu)^2 + (x_4 - \mu)^2 + (x_5 - \mu)^2}{\sigma^2}$$

です。この検定統計量は自由度 5 の χ^2 分布に従います。ですから、この確率分布を用いて 5% の棄却域を定めます。

　なぜ、こんな検定統計量の作り方をするのか、自由度 5 の χ^2 分布とは何だろうか、と疑問が湧いて当然です。

　まず、自由度 5 の χ^2 分布から説明します。自由度 5 の χ^2 分布とは次の図のようなグラフです。χ^2 分布には自由度と呼ばれるパラメータがあり、自由度を決めると χ^2 分布の形が決まります。χ^2 分布は確率分布ですから、正規分布と同じように、x 軸との間の面積が 1 になっています。

　左右の網目部の面積が 0.025 になるような p、q の値は巻末の χ^2 分布の表を調べて、$p = 0.831$、$q = 12.83$ となります。

χ^2 分布のパーセント点(p.339)

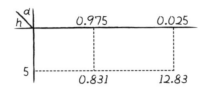

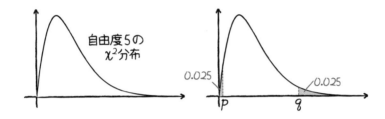

棄却域は、0.831以下、12.83以上になります。

検定統計量の作り方に従って、検定統計量 T を計算すると、

$$T = \frac{(64 - 63)^2 + (61 - 63)^2 + (63 - 63)^2 + (65 - 63)^2 + (67 - 63)^2}{3^2}$$

$$= \frac{25}{9} = 2.78$$

と作ります。この検定統計量は、棄却域の中に入りませんから、帰無仮説 H_0 は棄却されません。標本からは

　　　「有意水準 5% で $\sigma = 3$ ではない」ということができない

という結論を得ました。

　ここで、問題で扱った3つの検定に共通した手順をまとめておきます。

検定の手順

ステップ 1 帰無仮説 H_0、対立仮説 H_1 を立てる

ステップ 2 標本の検定統計量の値を計算

ステップ 3 ステップ 2 で計算した値が、

帰無仮説 H_0 のもとで検定統計量が従う確率分布の棄却域にあるか否かを判定する

　　棄却域にある　→　帰無仮説 H_0 を棄却する
　　　　　　　　　　　対立仮説 H_1 を採択する

　　棄却域にない　→　帰無仮説 H_0 は棄却できない（受容する）

　標本を用いて「何を検定するか」によって、ステップ 2 の検定統計量の作り方が決まります。検定統計量の作り方ごとに、それが従う確率分布（正規分布、t 分布、χ^2 分布、F 分布）があり、その分布を用いて棄却域を定めます。検定統計量とそれが従う確率分布はセットになっています。

　「何を検定するか」に対応する検定統計量の作り方は、ちょうど、英語の文で主語が決まると、対応する be 動詞が決まる関係に似ています。

　学期末で統計学の試験を受ける人や統計検定 2 級を受ける人は、

何を既知として、何を検定するか

を問題文から読み取り、検定統計量の作り方と、検定統計量が従う確率分布を即座に思い浮かべられるようにしておかなければなりません。

　しかし、そこまで必要ないという人が検定の結果を読むときは、帰無仮説と棄却できる棄却できないだけを押さえておけばよいでしょう。

p 値

検定の結論は、帰無仮説を棄却する・棄却できないの2通りです。もう少し中身を理解したときは、**p 値（p-value）** を参考にします。p 値とは、標本のような結果が起きる確率の目安となる値です。

例えば、検定統計量が標準正規分布 $N(0, 1^2)$ に従うことを用いる検定で、検定統計量が2のときを考えてみます。有意水準5%の両側検定であるとしましょう。このときの棄却域は -1.96 以下、1.96 以上ですから、検定統計量が2であれば、帰無仮説は棄却となります。もしも検定統計量が2.5であっても帰無仮説は棄却です。

しかし、同じく帰無仮説が棄却されるにしても検定統計量が2のときと2.5のときでは程度が違っていることは分かると思います。そこで、検定統計量が2のときであれば、標準正規分布 $N(0, 1^2)$ で -2 以下または2以上となる確率（グラフでいえば面積）を目安にします。検定統計量が2のときの p 値です。標準正規分布表から求めると、2.0 の表の値が 0.4772 ですから、$(0.5 - 0.4772) \times 2 = 0.0456$ すなわち 4.56% になります。

検定統計量が2.5のときの p 値は、$(0.5 - 0.4938) \times 2 = 0.0124$ すなわち 1.24% です。

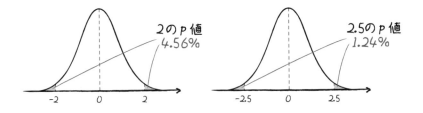

検定統計量が2でも2.5でも帰無仮説を棄却することには変わりありませんが中身はずいぶん違います。ですから、検定の結論を書くときにも

統計的に有意であった（$p = 4.56\%$）

と p 値を添えて書く場合があります。

　$p = 4.56\%$ であれば、「なあんだ、ぎりぎりじゃん。他の標本なら棄却できてないかもしれないぞ」、$p = 1.24\%$ であれば、「これはもうガチにありえねえなあ」という感想を持ちますね。私なら。

UNIT 4

4-2 | 目的とデータの型に合わせて 検定を選ぼう
—— いろいろな検定

　前節までで、検定の仕組みと手順が分かったと思います。

　あとは「標本で何を検定するか」に対して、検定統計量の作り方と検定統計量が従う確率分布を覚えていけばよいのです。

　これは英語学習に例えていえば、文法と文型を理解した状態です。あとは単語集で単語を覚えればよいのです。

　ここまで紹介した検定は、問題 1.13 二項分布を用いる検定、問題 1.14 母比率の検定、問題 1.15 母平均の検定、問題 1.16 母分散の検定でした。

　ここではさらにどういう検定があるのかを、すでに紹介した検定も含めてまとめていきます。

○ パラメトリック検定

　初めに、母集団のパラメータに関する検定をまとめます。

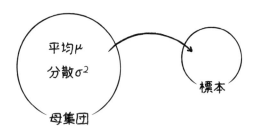

母平均の検定

標本 x_1、x_2、$\cdots$、x_n（サイズ n）が与えられたとき、母平均 μ を検定する。
- 母分散 σ^2 が既知のとき
- 母分散 σ^2 が未知のとき

母分散 σ^2 が与えられているときとそうでないときで、検定統計量の従う確率分布が異なります。

母分散 σ^2 が既知のときの実際例は、過去の身長のデータと比べて現在の身長が伸びているかを検定するときです。現在のデータの母分散を過去のデータの母分散と一致していると仮定すれば、母分散は既知となります。

母分散の検定

標本 x_1、x_2、$\cdots$、x_n（サイズ n）が与えられたとき、母分散 σ^2 を検定する。
- 母平均 μ が既知のとき
- 母平均 μ が未知のとき

母平均 μ が既知のときと未知のときとで検定統計量の従う確率分布が異なります。問題 1.16 は母平均 μ が既知で、検定統計量は自由度 5 の χ^2 分布に従います。問題 1.16 で母平均 μ が未知の場合（平均は 63mm が分かっていない場合）は、検定統計量は 63 の代わりに標本の平均を用いて計算し、検定統計量は自由度 4 の χ^2 分布に従うとして棄却域を求めます。

> ┌─ 母比率の検定 ─────────────────────────┐
> サイズ n の標本における比率から母比率 p を検定する。
> └────────────────────────────────────┘

　これは、視聴率や政党の支持率を検定するときに用います。問題 1.14 では、n が小さいので二項分布を用いて検定しましたが、n が大きいときは二項分布を正規分布で近似して検定を行ないます。

2 群の検定

　ここまでは、標本が 1 つの場合の検定を扱ってきました。次からは、2 つの標本をとったときの検定を扱います。

　新薬開発の治験や農作物の品種改良の現場では、異なる条件から得られた 2 つの標本から、条件の差（投薬あり or なし、肥料あり or なし）が結果の差を作り出したのかを判断しなければなりません。

　すなわち、2 つの標本の平均に差があるとき、その差は統計的な揺らぎによるものなのか、それとも母集団の平均に差があるのかを、統計学的手法を用いて選り分けていくのです。例えば、次のような問題です。

| 問題 | **1.17**　独立 2 群の検定 |

　肥料の効果を確かめるために、肥料 A と肥料 B で収穫量の違いに差があるかを検定してください。

A	16	18	17	15	16
B	17	19	20	17	18

（単位：kg）

この問題では 2 つの母集団を仮定します。

肥料 A のデータをグループ A、肥料 B のデータをグループ B とします。

グループ A は母集団 A からの標本、グループ B は母集団 B からの標本であると捉えるのです。

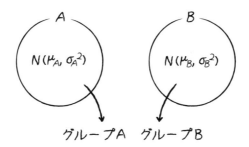

母集団 A はこれから肥料 A を用いて栽培するすべてのデータと考えます。母集団 A も母集団 B もサイズは特定できません。

例によって、母集団に正規分布を仮定します。すなわち、母集団 A は正規分布 $N(\mu_A, \sigma_A^2)$、母集団 B は正規分布 $N(\mu_B, \sigma_B^2)$ に従うと仮定します。すると、帰無仮説 H_0、対立仮説 H_1 は、

$$H_0 : \mu_A = \mu_B$$

$$H_1 : \mu_A \neq \mu_B$$

となります。

この検定を独立 2 群の検定といいます。独立 2 群の検定は、σ_A^2 と σ_B^2 の条件の与え方により、検定統計量の作り方が細かく分かれ煩雑です。

以下のようになります。

独立 2 群の差の検定

$N(\mu_A,\ \sigma_A{}^2)$ に従う母集団 A、$N(\mu_B,\ \sigma_B{}^2)$ に従う母集団 B があり、

　　　A から標本 x_1、x_2、…、x_m(サイズ m)

　　　B から標本 y_1、y_2、…、y_n(サイズ n)

をとり、

　　　$H_0：\mu_A = \mu_B$　　　　　　$H_1：\mu_A \neq \mu_B$

を検定する。

　(ア) $\sigma_A{}^2$、$\sigma_B{}^2$ が既知のとき

　(イ) $\sigma_A{}^2$、$\sigma_B{}^2$ は未知であるが、$\sigma_A{}^2 = \sigma_B{}^2$ のとき

　(ウ) $\sigma_A{}^2$、$\sigma_B{}^2$ が未知のとき(ウェルチ(Welch)の検定)

　なお、独立 2 群の検定を、独立 2 群の t 検定として紹介している本が多くあります。これは(イ)、(ウ)の場合、検定統計量が従う確率分布が t 分布であるからです。t 分布を用いる検定は他にもありますから、このときだけ t を強調するのは誤解を招くと思います。2 標本の平均の差を検定することを t 検定というと勘違いしている人が多いです。

　「独立 2 群の検定」に対して、「対応のある 2 群の検定」もあります。独立 2 群の検定ではグループ A、グループ B のそれぞれの値は無関係でしたが、次の例のように値が対応して、組にできる場合には「対応のある 2 群の検定」で検定します。

問題 **1.18** 対応のある 2 群の検定

5 人がダイエット法を試しました。ダイエットの効果があるかを検定してください。

before	62	83	55	64	75
after	55	77	52	61	74

（単位：kg）

これも差の母集団の分散が既知である場合と未知である場合に分けて考えます。

> **対応のある 2 群の差の検定**
>
> 対応のある標本 (x_1, y_1)、(x_2, y_2)、$\cdots$、(x_n, y_n) について、変量 x と変量 y に差があるかを検定する。差の変量を $d = x - y$ とし、正規分布 $N(\mu, \sigma_d^2)$ に従うものとする。
>
> $$H_0 : \mu = 0 \qquad\qquad H_1 : \mu \neq 0$$
>
> を検定する。
>
> （ア） σ_d^2 が既知のとき
>
> （イ） σ_d^2 が未知のとき

これは独立 2 群の検定よりも簡単です。初めに差をとってしまい、差だけを考えればよいからです。（ア）のときは、差の平均を標準化して z 検定、（イ）のときは、差の平均を標本の平均を用いて標準化して t 検定します。

等分散検定

ここまで 2 群の平均の差をテーマにした検定を紹介してきました。2 群の分散が等しいか否かを検定する手法もあります。

> **独立 2 群の分散の検定（等分散検定）**
>
> $N(\mu_A, \sigma_A{}^2)$ に従う母集団 A、$N(\mu_B, \sigma_B{}^2)$ に従う母集団 B があり、
>
> $\quad\quad A$ から標本 x_1、x_2、$\cdots$、x_m（サイズ m）
>
> $\quad\quad B$ から標本 y_1、y_2、$\cdots$、y_n（サイズ n）
>
> をとり、
>
> $\quad\quad H_0：\sigma_A{}^2=\sigma_B{}^2 \quad\quad\quad\quad H_1：\sigma_A{}^2 \neq \sigma_B{}^2$
>
> を検定する。
>
> $\quad$（ア）μ_A、μ_B が既知のとき
>
> $\quad$（イ）μ_A、μ_B が未知のとき

3 群以上の検定

　前で 2 群から取り出した 2 つの標本から、2 群の平均が等しいことを検定する方法を紹介しました。2 群が 3 群に増えた場合の検定を紹介します。

$\boxed{\text{問題}}$ **1.19**　一元配置分散分析

　肥料の効果を確かめるために、肥料 A、肥料 B、肥料 C で収穫量の違いに差があるかを検定してください。

A	16	18	17	15	16
B	17	19	20	17	18
C	22	21	23	20	19

（単位：kg）

　肥料 A、肥料 B、肥料 C のデータを、3 つの母集団 A、B、C のそれぞれからの標本であると捉えて、母集団の平均が等しいかを判断する検定です。

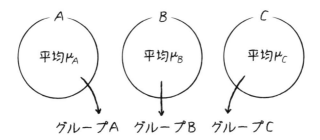

3つの母集団の平均をそれぞれμ_A、μ_B、μ_Cとすると、帰無仮説、対立仮説は、

$$H_0：\mu_A = \mu_B = \mu_C$$

$$H_1：\mu_A = \mu_B = \mu_C \text{でない(少なくとも1つは他の平均と異なる)}$$

となります。

　この形の検定を**一元配置分散分析（One-way ANOVA）**といいます。もはや検定という名前がついていないのですが、原理的には検定です。分散分析（Analysis of variance：ANOVA）と称しているのは、分散から作られる検定統計量を用いて棄却域を定めるからです。検定統計量が従う確率分布はF分布です。

　なお、帰無仮説から外れるとき統計検定量は大きくなる一方なので、分散分析には両側検定はありません。

　分散分析の入り口として、一元配置分散分析を紹介しました。分散分析は、これを基本形にしていくつのもパターンがあります。繰り返しのある二元配置分散分析、繰り返しのない二元配置分散分析など、データの与えられ方によって分散分析の型が決まります。

　この本では一元配置の分散分析しか紹介しませんが、原理はすべて同じですから、他の分散分析もすぐに理解できるでしょう。

　分散分析は、農業試験場にいたフィッシャーが作り出した検定で、農作物の品種改良や最適な生育条件の探索に適した手法です。

○ノンパラメトリック検定

ノンパラメトリック検定の中から、この本では統計検定 2 級でも扱われる適合度検定と独立性の検定を扱います。

適合度検定

問題 1.14 で母比率の検定を紹介しました。比率が複数になった場合の検定が**適合度検定**（**goodness-of-fit test**）です。例えば、次のような問題です。

問題 **1.20** 適合度検定

サイコロを 90 回振ったところ、出た目の回数は次のようでした。

目	1	2	3	4	5	6
出現回数	13	12	17	18	16	14

このとき、このサイコロは正しい、すなわちサイコロの各目の出る確率は 6 分の 1 であるといえるでしょうか。

この場合の帰無仮説 H_0 は、「どの目も出る確率は均等である。」
すなわち、目 i の出る確率を p_i とすると、

$$H_0 : p_1 = p_2 = p_3 = p_4 = p_5 = p_6 = \frac{1}{6}$$

$$H_1 : 少なくとも 1 つの p_i は \frac{1}{6} でない。$$

となります。

独立性の検定

次のような表をクロス集計表といいます。

これは生徒120人に、山と海のどちらが好きかのアンケートをまとめたものです。

性別 ＼ 好み	山	海	計
男子	17	23	40
女子	13	67	80
計	30	90	120

これによると、

男子の海が好きな人は、$23 \div 40 = 0.575$ 　　　 57.5%

女子の海が好きな人は、$67 \div 80 = 0.8375$ 　　　 83.8%

です。

女子の方が海好きな人が多いという結果ですが、これだけでは一般に女子は男子より海好きな傾向があるといえるかまでは分かりません。

57.5%と83.8%の差が、男女で海好きの割合が同じである場合でもありうる差なのか、それともありえないような差なのかを、統計的に判断しましょう。

このときに有効なのが**独立性検定**（independence test）です。

問題 **1.21** 　クロス統計表の独立性の検定

次のクロス集計表の独立性を有意水準5%で検定してください。

性別 ＼ 好み	山	海
男子	17	23
女子	13	67

「独立性」という用語について説明しておきます。

男子は全体の $\dfrac{40}{120} = \dfrac{1}{3}$ です。

山が好きな人は全体の $\dfrac{30}{120} = \dfrac{1}{4}$ です。

山と海の選好が、男女に無関係であれば、男子で山が好きな人は、

$$120 \times \frac{1}{3} \times \frac{1}{4} = 10(人)$$

であると期待されます。

　この「山と海の選好が男女に無関係」を数学的にいうと、

　「山と海の選好と男女の区別は独立」ということができます。

　この検定の帰無仮説、対立仮説は、

　　　H_0：山と海の選好と男女の区別は独立

　　　H_1：山と海の選好は男女により偏りがある

となります。

　上の例では 2×2 のクロス統計表でしたが、一般の $n \times m$ のクロス統計表でも同様に独立性の検定を行なうことができます。

その他のノンパラメトリック検定

　この本の2章では、ノンパラメトリック検定は、上の2つしか扱いませんが、他にも多くのノンパラメトリック検定があります。

　2つの標本から母平均の差を検定する、独立2群の差の検定はパラメトリック検定ですが、同じデータをノンパラメトリックのウィルコクソンの順位和検定で検定することができます。ウィルコクソンとはこれを開発した人の名前で、ノンパラメトリック検定は人の名前を冠したものが多くあります。

　独立2群の差の検定、分散検定など、母集団のパラメータに関する検定でないものは、パラメトリック検定に対応するノンパラメトリック検定が存在します。

　母集団に分布を仮定しないノンパラメトリック検定の方が、汎用性に優れているように思えますが、一般的にパラメトリック検定の方がノンパラメトリック検定より検出力が大きいので、どちらを選ぶかはデータの特徴を考慮して用いなければなりません。

　データには、量的データと質的データの2種類があります。量的データとは、長さ、速度、気温、GDPなどの物理量や経済指標など、数値に意味があるデータです。一方、質的データとは、順位や満足度など分類を表すデータです。

　一般に、量的データは、パラメトリック検定にも、ノンパラメトリック検定にも掛けることができますが、質的データはノンパラメトリック検定で検定するしかありません。

パラメトリック検定	ノンパラメトリック検定
独立2群の差の検定	マン・ホイットニーのU検定
対応のある2群の差の検定	符号検定、ウィルコクソンの順位和検定
対応のない一元配置分散分析	クラスカル・ウォリス検定
対応のある一元配置分散分析	フリードマン検定

　パラメトリック検定の「対応のない一元配置分散分析」に対応するノンパラメトリック検定は、クラスカル・ウォリス検定です。

　パラメトリック検定で紹介した一元配置分散分析は、A、B、Cが独立で対応はありませんでした。ですから、同じデータをクラスカル・ウォリス検定に掛けることもできます。

　一元配置分散分析では上のデータを量的データとして捉えて検定しました。多くのノンパラメトリック検定では、量的データであっても順位など質的データに変換して統計量を計算します。

UNIT 4

4-3 | 検定の結果が判断ミスを起こすとき
—— 第 1 種の過誤と第 2 種の過誤

　検定の原理・手順や表記の仕方は前の節までで分かりました。

　次に、検定結果を解釈するときの注意を述べます。これは検定の原理とも関係していて、検定の原理と合わせて銘記して欲しい事柄です。

　検定の結果は、帰無仮説 H_0 を棄却する場合と棄却できない場合の 2 通りです。

（ア）帰無仮説 H_0 を棄却し、対立仮説 H_1 を採択する

　単純に帰無仮説が間違いで、対立仮説が正しいと解釈することは、よい態度ではありません。帰無仮説が棄却されたといっても、確率 5% 未満のことが起こったので、帰無仮説は信じるに足りないということです。帰無仮説が確実に間違いであるとはいい切れません。

　日本語の統計学の本では、対立仮説を採択すると書いてある場合が多く、この本もそれに倣っていますが、英語では support、または is consistent with です。すなわち、「データは対立仮説の方を支持する」、「データは対立仮説と合致する（矛盾しない）」です。

（イ）帰無仮説 H_0 を受容する

　帰無仮説が棄却できない場合の解釈の仕方は特に注意が必要です。棄却できない場合は確率 95% 以上のことが起こっただけなのです。帰無仮説が正しいことの証明にはなりません。帰無仮説が正しいことの示唆にすらなっていない、と捉えなければなりません。帰無仮説が棄却されないことを以てして、帰無仮説の妥当性を主張するのは間違った態度です。

　次に検定の判断が間違うときのことについて述べます。

　帰無仮説 H_0 が事実でも、標本の結果が5%未満で起こりうる状態になる場合があります。このとき検定では、帰無仮説 H_0 を棄却し、対立仮説 H_1 を採択しますから、検定の判断は間違いです。これを**第1種の過誤（Type I error）**といいます。有意水準5%の検定では、第1種の過誤は5%の確率で起こります。有意水準を α と文字でおくことがあるので、α エラーと呼ばれることもあります。

　標本の結果から、帰無仮説 H_0 が事実ではないのに、帰無仮説 H_0 を受容してしまう場合があります。これを**第2種の過誤（Type II error）**といいます。第2種の過誤の起こる確率を β とおくことがあるので、β エラーとも呼ぶこともあります。

　検定の有意水準を α とすると、第1種の過誤が起こる確率は α、起こらない確率は $1 - \alpha$ です。第2種の過誤が起こる確率を β とおくと、第2種の過誤が起こらない確率は $1 - \beta$ です。

　これも含めて表にまとめると以下のようになります。

事実 ＼ 検定結果	H_0 を棄却	H_0 を受容
帰無仮説 H_0 が正しい	第1種の過誤 α	正しい判断 $1 - \alpha$
対立仮説 H_1 が正しい	正しい判断 $1 - \beta$	第2種の過誤 β

　帰無仮説 H_0 が棄却され、対立仮説 H_1 が採択されるとき、検定の結果は意味のある主張を持ちます。上の表でいえば、対立仮説 H_1 が正しいときに、帰無仮説 H_0 が棄却された場合（表の左下）です。これが起こる確率は $1 - \beta$ であり、これを**検出力**といいます。

　一般に、有意水準 α と第2種の過誤の確率 β はトレードオフの関係にあります。すなわち、有意水準 α を大きくすると第2種の過誤の確率 β は小さくなり、有意水準 α を小さくすると第2種の過誤の確率 β は大き

くなります。

このことを、図を描いて説明してみましょう。

いま、検定統計量が正規分布に従う、片側検定を考えます。

帰無仮説 H_0 のもとでは、検定統計量 X は正規分布 $N(\mu,\ \sigma^2)$ に従うものとします。有意水準 α となる棄却域 $r \leqq X$ をとります。

しかし、実際には帰無仮説 H_0 は誤りで、実際には正規分布 $N(\mu',\ \sigma^2)$ に従っているとします。このとき、第2の過誤が起こる確率を β とすると、第2の過誤は、対立仮説 H_1 が正しいときに、帰無仮説 H_0 を受容する場合ですから、下図のように $N(\mu',\ \sigma^2)$ のグラフで $X \leqq r$ の部分の面積が β、$r \leqq X$ の部分の面積が $1-\beta$（検出力）になります。

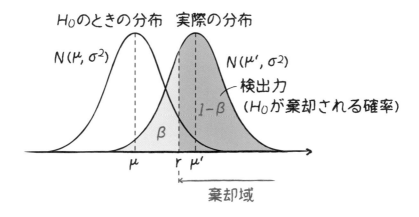

有意水準 α と第2種の過誤の確率 β はトレードオフの関係にあることが次の図から分かります。

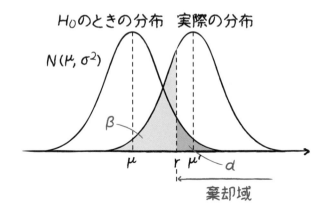

H_0のときの分布　実際の分布

$N(\mu, \sigma^2)$

β

μ　r　μ'　α

棄却域

　有意水準 α を大きくすると、臨界値（棄却域の境界）r は左にずれ、第 2 種の過誤の確率 β は小さくなります。反対に、有意水準 α を小さくすると、臨界値 r は右にずれ、第 2 種の過誤の確率 β は大きくなります。

　臨界値をどのように動かしても、α と β を両方一度に小さくすることはできないのです。そこで、実際の検定を設計するときは、α を固定した条件の下で、β を小さくする、すなわち検出力 $1-\beta$ を大きくするように検定を設計することになります。

　品質管理の現場では、第 1 種の過誤、第 2 種の過誤を、それぞれ生産者リスク、消費者リスクと呼んでいます。

　製品検査を、

　　　　帰無仮説 H_0：製品は正常

　　　　対立仮説 H_1：製品は欠陥品

とおいた検定であると考えると、上の呼び方は納得がいきます。

　製品検査で正常であっても（H_0 が正しくても）、測定誤差により 5% の確率で製品に不備があるとして、欠陥品として処分しなければなりません（H_0 を棄却）。正しい製品を処分することは生産者の損失です。ですから、生産者リスクというのです。

一方、製品が欠陥品である(H_1 が正しい）にもかかわらず、製品検査で正常と判断してしまう場合（H_0 を受容）もあります。この場合、消費者は欠陥品を買う羽目になるので、消費者リスクと呼ばれます。

また、第1種の過誤、第2種の過誤は、それぞれあわて者の誤り、ぼんやり者の誤りと呼ばれることもあります。

製品検査により工程を見直すかを判断することにします。

　　　　帰無仮説 H_0：工程は正常

　　　　対立仮説 H_1：工程に異常あり

とおいた検定であると考えます。

第1種の過誤が起こると、工程が正常に稼働していて（帰無仮説 H_0 が正しい）、まだ修正する時期ではないのに、先走って改良を加えることになります。これがあわて者の誤りです。

第2種の過誤が起こると、工程に異常があるのに（対立仮説 H_0 が正しい）、異常をうっかり見過ごすことになります。これがぼんやり者の誤りです。

第1種の過誤	第2種の過誤
α エラー	β エラー
生産者リスク	消費者リスク
あわて者の誤り	ぼんやり者の誤り

| COLUMN | 背理法と検定

　数学の証明方法のひとつに背理法と呼ばれる証明方法があります。

　実は、これは我々の日常生活でもよく用いる思考方法なのです。例を挙げてみましょう。

　例えば、

> 「君は嘘ついているんじゃないの。君は嘘ついていないっていうけれど、嘘をついていないなら目を見て話せるはずだよな。でも、目を見て話してないじゃん。嘘ついているんだろ」

なんて、詰め寄ったことはありませんか。ああコワ。

　ここには背理法のエッセンスが詰め込まれています。解説してみましょう。

　証明したいことは、A 君が嘘をついていることです。これを証明するために、「A 君が嘘をついていない」と証明すべきことと反対のことを仮定しています。そして、そのもとで、

予想（推論）できる事実「目を見て話す」

と

現状の事実「目を見て話していない」

との食い違い、**矛盾点**を挙げています。こうして、「A 君が嘘をついていない」ことを否定して、「A 君が嘘をついている」ことを証明しているのです。

「君は嘘ついているんじゃないの。← 証明したいこと

君は嘘ついていないっていうけれど、← 反対のことを仮定する

嘘をついていないなら目を見て話せるはずだよな。 ⎫
　　　　　　　　　　　　　　　　　　　　　　　　⎬ 矛盾を導く
でも、目を見て話してないじゃん。 ⎭

君は嘘ついているんだろ」← 証明完了

　このように、証明すべきことと反対のことを仮定して矛盾を導くことで、間接的にものごとを証明することを背理法といいます。

　さて、ここで仮説検定に用いられている論理を振り返ってみましょう。

　検定では、帰無仮説 H_0 と対立仮説 H_1 を立てて、帰無仮説 H_0 が正しいとしたときの確率を計算し、ありえそうもないこと（5%の確率でしか起こらないこと）が起きたときに、帰無仮説 H_0 を棄却し、対立仮説 H_1 を採択しました。

　これは、対立仮説 H_1 を証明するための一種の背理法と捉えることができます。

　上の例でつけたようなキャプションをつければ、次のようになります。

対立仮説 H_1 ← 証明したいこと

帰無仮説 H_0 を仮定する ← 反対のことを仮定する

このもとで確率を計算 ⎫
　　　　　　　　　　　　⎬ 矛盾を導く
ありえそうもないことが起きている ⎭

対立仮説 H_1 を採択 ← 証明完了

背理法と同じキャプションがつきました。

　背理法では、はっきりとした矛盾点を見つけ出して結論を導いていますが、仮説検定では、ありえそうもないことが起こったことを矛盾点と捉えて対立仮説を採択しています。仮説検定の方では、矛盾点といっても確率的結果による矛盾点ですから、その分少し弱腰になるわけです。上で一種の背理法といったのはそういうわけです。

　帰無仮説 H_0 が正しい場合でも、ありえそうもないことは 5% の確率で起こるわけです。このとき、帰無仮説 H_0 が正しくとも、帰無仮説 H_0 を捨てて、対立仮説 H_1 を採択してしまいます。仮説検定による判断には 5% の危険が潜んでいるということです。ですから、仮説検定のことを**危険率付きの背理法**と呼ぶ人もいます。

5 推定の考え方

○区間推定

推測統計学とは、母集団から標本を抽出し、標本を調べることで母集団の状態を把握するための手法を提供する統計学です。

推測統計学には大きく分けて検定と推定があります。前節まで、検定を解説してきました。この節では推定を解説します。

統計学の推定が用いられている身近な例は、選挙の出口調査やテレビの視聴率調査です。全数調査が可能でない母集団に対して、標本を抽出して母集団のパラメータ（母平均、母分散、母比率）を推定します。

視聴率調査の場合を考えてみます。視聴率調査の母集団は、例えば、関東地区に住む 1900 万世帯です。ここからランダムに選んだ 2700 世帯が標本です。

ある番組の視聴率を調べたところ、標本の 2700 世帯のうち 270 世帯（10％）が視聴していれば、このとき母集団の視聴率も 10％であると推定できるでしょう。これくらいであれば、統計学を用いていると大袈裟にいうほどのことはありません。

統計学を用いると、母集団の視聴率と標本の視聴率の誤差がどれくらいあるかまで言及することができます。具体的には視聴率をある幅で推定します。ある幅をもって数値を推定することを**区間推定**（interval estimation）といいます。

検定でもそうでしたが、統計学の推定で注意しておきたいことは結論の意味するところです。次の問題を通して、推定の手順と解釈のお作法を身につけてほしいと思います。

問題 **1.22** 　区間推定

　ある小学校では300人の5年生男子がいて、全員が握力測定をしました。このうち9人をランダムに抽出して、平均値を計算したところ16kgでした。300人のデータの平均 μ を、区間推定してください。ただし、300人のデータの標準偏差 σ は4kgであることが分かっています。

　推定のときも、正規分布に従う母集団から n 個を取り出して計算した「n 個平均」が、再び正規分布に従うことを用います。

　詳しく述べると、平均 μ、標準偏差 σ の正規分布 $N(\mu,\ \sigma^2)$ に従う母集団から抽出したサイズ9の標本 x_1、x_2、…、x_9 の平均 $\dfrac{x_1 + x_2 + \cdots + x_9}{9}$ は、

平均 μ、標準偏差 $\dfrac{\sigma}{3}$ の正規分布 $N\left(\mu,\ \dfrac{\sigma^2}{9}\right)$ に従います。

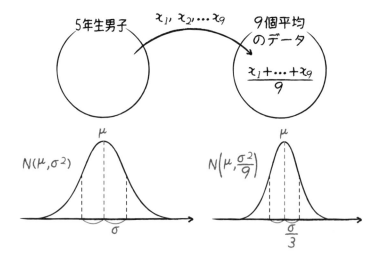

　ここで、検定のときとは反対に 95％の確率でありうることを考えましょう。

　$N\left(\mu,\ \dfrac{\sigma^2}{9}\right)$ を標準化して $N(0,\ 1^2)$ にするときのことを考えます。

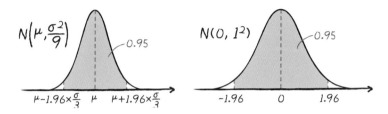

　$N(0,\ 1^2)$ の上側 2.5％点が 1.96 ですから、$N(0,\ 1^2)$ のグラフで－1.96 から 1.96 までの面積が 0.95 です。$N(0,\ 1^2)$ に従う変量が－1.96 から 1.96 までになる確率は 0.95 です。

　$N\left(\mu,\ \dfrac{\sigma^2}{9}\right)$ を標準化して $N(0,1^2)$ にするには、μ を引いて、$\dfrac{\sigma}{3}$ で割ります。

　標準化の逆は、$\dfrac{\sigma}{3}$ を掛けて、μ を足します。

　正規分布 $N\left(\mu,\ \dfrac{\sigma^2}{9}\right)$ のグラフでは、$\mu - 1.96 \times \dfrac{\sigma}{3}$ から $\mu + 1.96 \times \dfrac{\sigma}{3}$ の面積が 0.95 になります。

　$N\left(\mu,\ \dfrac{\sigma^2}{9}\right)$ に従う変量が、$\mu - 1.96 \times \dfrac{\sigma}{3}$ から $\mu + 1.96 \times \dfrac{\sigma}{3}$ までになる確率は 0.95 です。

　つまり、正規分布 $N(\mu,\ \sigma^2)$ に従う母集団から抽出したサイズ 9 の標本 x_1、x_2、$\cdots$、x_9 に関して、

$$\mu - 1.96 \times \frac{\sigma}{3} \leqq \frac{x_1 + x_2 + \cdots + x_9}{9} \leqq \mu + 1.96 \times \frac{\sigma}{3}$$

となる確率は 95％です。

この問題の設定では、$\sigma = 4$、$\dfrac{x_1 + x_2 + \cdots + x_9}{9} = 16$ と与えられています。

これを上の式に代入すると、

$$\mu - 1.96 \times \frac{4}{3} \leqq 16 \leqq \mu + 1.96 \times \frac{4}{3}$$

となります。

この不等式を μ に関して解きましょう。

左側の不等式を解いて、

$$\mu - 1.96 \times \frac{4}{3} \leqq 16 \qquad \mu \leqq 16 + 1.96 \times \frac{4}{3} = 18.61$$

右側の不等式を解いて、

$$16 \leqq \mu + 1.96 \times \frac{4}{3} \qquad 16 - 1.96 \times \frac{4}{3} = 13.39 \leqq \mu$$

合わせて、

$$13.39 \leqq \mu \leqq 18.61$$

となります。

こうして求めた区間を 95%**信頼区間**（confidence interval）または信頼係数 95% の信頼区間などといいます。%の数値 95 は、正規分布で確率が 95% のところをとったからです。この数値を変えたときは、1.96 を、それに対応する数値を標準正規分布表で調べて置き換えることで同様に計算できます。

推定の結論の読み方で注意すべき点は、95%信頼区間を

「母平均が 95% の確率で区間にある」

と解釈してはいけない点です。この問題の場合でいえば、

「300 人の 5 年生男子の握力の平均は 95% の確率で、

13.39 以上 18.61 以下である」

と解釈することです。この解釈は古典統計学の教科書的にはよろしくありません。

　なぜなら、5年生男子の握力はすでに値が決定しているので、それについて確率で語ることはできないからです。

　ならば、どう解釈すればよいのでしょうか。

　95%信頼区間を、厳密に解釈すると、

> 「標本(9人)を100回とると、平均で95回は母平均
> (300人の5年生男子の握力平均)を含む区間となるように
> 区間を推定するとき、1個の標本から計算した区間の例」

となります。さらっと一言ではいえません。だからこそ、95%信頼区間というテクニカルタームが与えられている訳です。

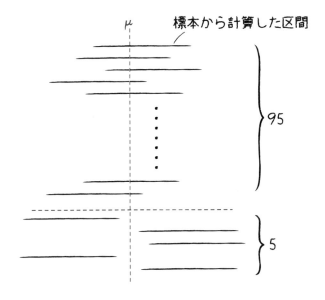

　話がややこしいのは、古典的統計学では上の通りなのですが、ベイズ統計学という新しい統計学の立場をとってある前提を仮定すると、「95%の確率で母平均が推定した区間の中に入る」と表現することができます。

　ですから、95%信頼区間を、「95%の確率で母平均が入る区間である」と表現することがあながち間違いでもないのです。

　推定に関してはまだ 1 つしか例を挙げていませんが、他の型の推定の場合でも原理は一緒ですから、推定の手順をまとめておきます。

区間推定の仕方

（**ステップ 1**）標本 x_1、x_2、$\cdots$、x_n から作った統計量が従う分布を考え、統計量が 95％で入る区間の式を作る。

（**ステップ 2**）標本 x_1、x_2、$\cdots$、x_n に具体的な値を代入する。

（**ステップ 3**）μ、σ^2 などについて解く。

第 **2** 章

1 確率変数

1-1 | 確率的にいろいろな数値をとるものを表すための記号
——確率変数 X

確率変数って何?

　これから、確率変数の話をします。

　中学、高校のとき、確率の問題が解けなくて、苦手意識を持っている人がいるかもしれませんが、心配御無用。難しい問題を解くわけではありません。サイコロの 1 の目が出る確率は 6 分の 1 だよね、とか降水確率は60％であるとか、その程度の話ですから、気持ちを楽にして読んでみてください。

　いま、大小 2 枚のコインを投げ、その表裏のパターンを考えます。表を〇、裏を×と表すことにします。「大が表、小が裏」のことを「〇×」で表すことにすると、コインの裏表のパターンは、

$$\underbrace{〇〇}_{\substack{表\\2\\枚}}、\underbrace{〇×、×〇}_{\substack{表\\1\\枚}}、\underbrace{××}_{\substack{表\\0\\枚}}$$

と全部で 4 通りになります。

表の枚数を X とおきます。

$$X = 2(\text{表が 2 枚})\text{のときの確率は} \frac{1}{4}$$

$$X = 1(\text{表が 1 枚})\text{のときの確率は} \frac{2}{4} = \frac{1}{2}$$

$$X = 0(\text{表が 0 枚})\text{のときの確率は} \frac{1}{4}$$

になります。これらを表にまとめると、

X	0	1	2
P	$\dfrac{1}{4}$	$\dfrac{1}{2}$	$\dfrac{1}{4}$

$X = 1$ のときの確率は $\dfrac{2}{4} = \dfrac{1}{2}$ になることを、記号を用いて、

$$P(X = 1) = \frac{1}{2}$$

と表します。P は、英語で確率という意味の Probability の頭文字からとっています。

このように、X の値を定めると、それに対応する確率の値が定まるものを**確率変数**(**random variable**)といいます。また、X の値とそれに対応する確率の対応関係のことを X の**確率分布**(**Probability distribution**)あるいは単に**分布**といいます。確率変数は X のように大文字を当てることが多いです。これに対して x はデータの変量や具体的な数値の代わりに用いられます。

確率変数 X は関数の 1 種だと思うといいでしょう。中学校のときに習った 1 次関数を思い出してください。例えば、$f(x) = 3x + 4$ などと x の 1 次式で表されたものが 1 次関数です。

x に具体的な数値を代入すると、$f(x)$ の値が決まりました。

$x = 2$ を代入すると、$f(2) = 3 \cdot 2 + 4 = 10$ となり、$f(x)$ の値が1つに決まります。このように x の具体的な値に対して、$f(x)$ の具体的な値が決まります。この決まりのことを関数というのでした。

確率変数 X に具体的な値を代入すると、それに対応する確率 P が決まるのですから、関数の仕組みと同じですね。

1次関数の $f(x)$ の場合も、確率変数 $P(X = \quad)$ の場合も、対応の決まりを表していたわけです。

└数字が入ると値が決まる

ただ、1次関数 $f(x)$ の場合はその関係がうまく式で表されていました。$P(X = \quad)$ の方は、式ではなく表によってその関係が示されているのです。そこが違いのひとつです。

前頁の表で1つ注意しておくことがあります。それは、表の確率の値を全部足すと1になることです。

$$\frac{1}{4} + \frac{1}{2} + \frac{1}{4} = 1$$

これは次のように考えることができるでしょう。

表の枚数が、「0枚または1枚または2枚出る確率」を求めてみます。表の枚数が、0枚または1枚または2枚出る確率は、表からも求めることができますね。それぞれの確率を足せばよいのです。

$$\frac{1}{4} + \frac{1}{2} + \frac{1}{4}$$

一方、こうも考えられます。コインの枚数は2枚ですから、表の枚数 X は、0枚、1枚、2枚のどれかしかありえません。つまり、表の枚数が、0枚または1枚または2枚出ることは確実に起こることなのです。確実に起こること、100％起こることの確率は1です。

同じ確率を2通りの計算方法で求めたわけですから、その結果は等しく、

$\dfrac{1}{4} + \dfrac{1}{2} + \dfrac{1}{4} = 1$ が成り立つのです。

　このような起こりうるすべての場合のうち、どれかが起こる確率は 1 です。これを全確率といいます。全確率はつねに 1 です。

　このように確率変数の表に書かれている確率を全部足すと 1 になります。確率変数のことを抽象的にまとめておきましょう。

確率変数の定義

　確率変数 X とは、

X	x_1	x_2	$\cdots$	x_n
P	p_1	p_2	$\cdots$	p_n

　ただし、p_1、p_2、$\cdots$、p_n はすべて 0 以上で、

$$p_1 + p_2 + \cdots\cdots + p_n = 1$$

という表で与えられる「X と確率の対応の決まり」のことです。

　さて、ここで注意したいのは確率変数の分布と相対度数分布表の類似です。確率変数では表に書かれている確率を全部足すと 1 になります。一方、相対度数分布表でも相対度数を全部足すと 1 になります。

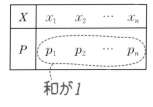

X	x_1	x_2	$\cdots$	x_n
P	p_1	p_2	$\cdots$	p_n

階級値	x_1	x_2	$\cdots$	x_n
相対度数	g_1	g_2	$\cdots$	g_n

和が 1　　　　　和が 1

　このことが成り立つので、1 章の p.55 でも言及したように、相対度数を確率分布として捉えることもできるのです。

問題を解いて、確率変数についての理解を深めましょう。

問題 **2.01**

（1）　1 から 6 までの数字が書かれたサイコロを振ります。

　　サイコロの出た目を X としたとき、$P(X = 3)$ を求めましょう。また、確率変数 X の分布を求めましょう。

（2）　大中小 3 枚のコインを投げました。表が出た枚数を X とおくとき、確率変数 X の分布を求めましょう。

（1）　サイコロの面は全部で 6 面あります。どの面も出る確率は等しいですから、3 の目が出る確率は 6 分の 1 です。つまり、記号で書けば、

$$P(X = 3) = \frac{1}{6}$$

どの目も出る確率は 6 分の 1 なので、確率変数 X の分布は、

X	1	2	3	4	5	6
P	$\dfrac{1}{6}$	$\dfrac{1}{6}$	$\dfrac{1}{6}$	$\dfrac{1}{6}$	$\dfrac{1}{6}$	$\dfrac{1}{6}$

となります。

(2) 1枚のコインで表と裏の2通りがあります。大中小3枚のコイン
　　 の表裏パターンは、$2 \times 2 \times 2 = 8$(通り)です。

すべてを書き上げると、下のようになります。

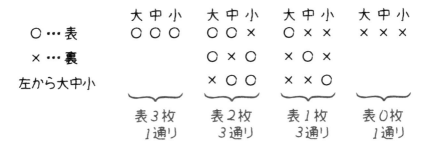

これから、確率変数 X の分布は、

X	0	1	2	3
P	$\dfrac{1}{8}$	$\dfrac{3}{8}$	$\dfrac{3}{8}$	$\dfrac{1}{8}$

となります。

1-2 連続する数値に対しても 確率変数が定められる

—— 連続型確率変数

連続した値をとる数値に対して確率変数を定めよう。

　次に、前節とは違った形の確率変数を紹介しましょう。

　いま、円周上に 0 から 360 の目盛りが振られたルーレットを考えます。ルーレットといっても、中にある盤が回るものではなく、ストップウォッチのように針の先が目盛りを指すような形のものを考えます。ルーレットの針は均等に止まるものとし、56.8 というような整数以外の値もとることができるものとします。**ルーレットの目盛りを確率変数 X とします。**X のとりうる値が無数にあって、連続しているところが、コインのときの確率変数 X との違いです。

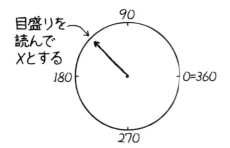 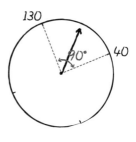

　このとき、針が 40 から 130 までに止まる確率はいくらでしょうか。

$$\frac{130 - 40}{360} = \frac{1}{4}$$

と計算できることは感覚的に理解してもらえますね。

　1 周が 360 度なので 1 目盛りがちょうど 1 度になっています。40 から

130 までは 90 度で、4 分の 1 周です。4 分の 1 周の弧に止まる確率は 4 分の 1 です。

目盛りが 40 から 130 までの間に止まる確率、つまり $40 \leqq X \leqq 130$ となる確率が 4 分の 1 であることを、P の記号を使って書くと、

$$P(40 \leqq X \leqq 130) = \frac{1}{4}$$

となります。

もしも、$P(a \leqq X \leqq b)$ の値を求めるのであれば、40 を a に、130 を b に置き換えて、

$$P(a \leqq X \leqq b) = \frac{b-a}{360} = \frac{1}{360}(b-a)$$

となります（ただし、$0 < a < b < 360$）。

この確率分布を表すにはどうしたらよいでしょうか。

コインのときのように表を書いて確率の分布を整理したいところですが、あいにく X のとりうる値が無数にあってかないません。

この確率変数の分布を表すには、次のように座標平面上の直線（線分）$y = \frac{1}{360}(0 \leqq x \leqq 360)$ を用いるとうまくいきます。

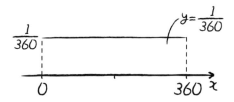

このグラフの $40 \leqq x \leqq 90$ の部分と x 軸で囲まれる部分の面積を求めてみましょう。

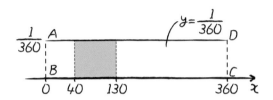

$40 \leqq x \leqq 130$ に対応するアカい部分の面積は、

$$(130 - 40) \times \frac{1}{360} = \frac{1}{4}$$

となり、ちょうど 40 から 130 までのところに針が止まる確率
$P(40 \leqq X \leqq 130)$ の値を表していることになります。

　また、$P(0 \leqq X \leqq 360)$ の値を求めるのであれば、四角形 ABCD の面積
を求めて、

$$360 \times \frac{1}{360} = 1$$

とうまく求められます。針が 0 から 360 までのどこかに止まる確率を求め
たわけです。

　針は 0 から 360 までのどこかには止まりますから、全確率を求めたわけ
ですね。全確率が 1 になることと符合しています。

　確率分布の曲線（この場合は直線ですが）と x 軸で挟まれた部分の面積
が 1 になることとも符合します。

　グラフを用いることによって、確率変数 X の分布をうまく表現するこ
とができたわけです。

　X がコインの枚数のときのように X のとりうる値がトビトビの確率変
数を**離散型（discrete type）**といいます。

　これに対して、先のルーレットの目のように、X のとりうる値が連続し
ている確率変数を**連続型（continuous type）**といいます。

連続型の確率変数の確率分布は曲線のグラフで表すことができます。上の例では「直線 $y = \dfrac{1}{360}$」という曲線(直線も曲線の一種)でした。

連続型の確率変数の分布を表すグラフが曲線 $y = f(x)$ となるとき、$f(x)$ を**確率密度関数**(probability density function)といいます。ルーレットの例では、確率密度関数が定数関数 $y = \dfrac{1}{360}$ となっていました。確率分布を表す曲線 $y = f(x)$ と x 軸に挟まれた部分の面積は 1 になります。

ルーレットの例のように、確率密度関数が 1 つの定数で表される連続型の確率分布を**一様分布**(uniform distribution)といいます。これは、X の確率分布が 0 以上 360 未満のいたるところで一様だからです。

なお、細かい注意になりますが、X の範囲に $X = 40$ や $X = 130$ を含めない場合でも確率は変わりません。つまり、

$$P(40 \leqq X < 130)$$
$$P(40 < X \leqq 130)$$
$$P(40 < X < 130)$$

は、どれも 4 分の 1 になります。これは、$X = 40$ となる確率や $X = 130$ となる確率は 0 と考えているからです。

実際に起こりうる場合の確率を捉えるのに 0 となるのはおかしいと思うかもしれませんが、とりうる値は 40、130 以外にも無数にあるので、40、130 と 1 点だけを取り出したときの確率は 0 になってしまうのです。$\dfrac{1}{無限大}$ で分母が限りなく大きいのだから 0 になると理解するとよいでしょう。

連続型の確率分布の場合には、1 点での確率は 0 になります。ですから、不等号に等式が入ろうと入るまいと確率は変わりません。

一様分布以外にも確率密度関数の例を紹介しましょう。

> 問題 **2.02**　A 駅の時刻表では、何時台であっても、00 分と 15 分に電車が到着します。ある人が A 駅に着いたとき電車が来るまでの待ち時間を X とします。
>
> (1)　X の確率分布を求めグラフで表してください。
>
> (2)　待ち時間が 10 分以上 20 分以下である確率を求めてください。

(1)　ある人が駅に到着した時刻が○時 x 分のときの待ち時間を y とします。すると、

$$0 < x \leqq 15 \text{ であれば、待ち時間は } 15 - x \text{（分間）}$$
$$15 < x \leqq 60 \text{ であれば、待ち時間は } 60 - x \text{（分間）}$$

です。待ち時間は、最小で 0 分、最大で 45 分です。

A 駅についた時刻 x（分）をヨコ軸にとり、電車が来るまでの待ち時間 y（分間）をタテ軸にとってグラフにすると下左図のようになります。

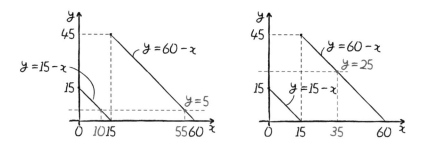

$X = 5$ となる、つまり待ち時間が 5 分間（$y = 5$）となるのは、10 分と 55 分に駅についたときで 2 回あります。

$X = 25$ となるのは、つまり待ち時間が 25 分（$y = 25$）となるのは、35 分に駅についたときで 1 回です。

X のとりうる範囲は、0 以上 45 以下で、X が 0 から 15 までの確率密度は、

X が 15 から 45 までの確率密度の 2 倍あることが分かります。

　グラフを描けば、下の左図のようになるはずです。

　ここで a を定めましょう。グラフと x 軸で囲まれた部分（2 つの長方形）の面積を計算すると、

$$2a \times 15 + a \times (45 - 15) = 60a$$

確率密度関数のグラフと x 軸で囲まれた部分の面積は 1 に等しいので、

$$60a = 1 \qquad \therefore \quad a = \frac{1}{60}$$

したがって、X の確率分布のグラフは、下右図のようになります。

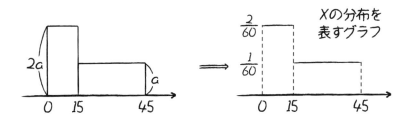

(2)　X が 10 以上 20 以下になる確率を求めるには、グラフのアカい部分の面積を求めます。

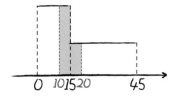

面積は、$\dfrac{2}{60} \times (15 - 10) + \dfrac{1}{60} \times (20 - 15) = \dfrac{10}{60} + \dfrac{5}{60} = \dfrac{1}{4}$

なので、

$$P(10 \leqq X \leqq 20) = \frac{1}{4}$$

　確率変数 X の確率密度関数が、$y =$ 定数の形以外の場合について、確率を求める練習をしてみましょう。

問題 **2.03**　確率変数 X の確率密度関数が、次の $f(x)$ であるとき、

$P(-0.4 \leqq X \leqq 0.6)$ を求めてみましょう。

$$f(x) = \begin{cases} x + 1 & (-1 \leqq x \leqq 0) \\ -x + 1 & (0 \leqq x \leqq 1) \end{cases}$$

　まず、初めに $y = f(x)$ のグラフを描きましょう。

$-1 \leqq x \leqq 0$ の部分と、$0 \leqq x \leqq 1$ の部分に分けて描きます。

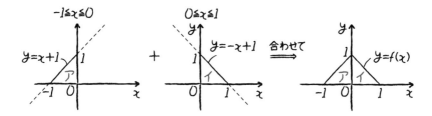

　ここでこのグラフと x 軸とで囲まれた部分の面積を求めておきましょう。

$$\underbrace{1 \times 1 \div 2}_{ア} + \underbrace{1 \times 1 \div 2}_{イ} = 1$$

となり、面積が 1 になるので、たしかに $f(x)$ は確率密度関数です。

$P(-0.4 \leqq X \leqq 0.6)$を求めるには、下図のアカい部分の面積を求めれば OK です。

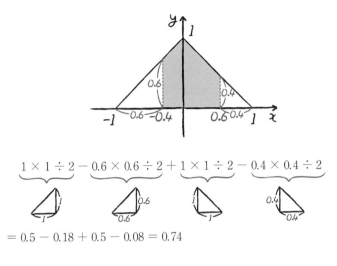

$$\underbrace{1 \times 1 \div 2}_{} - \underbrace{0.6 \times 0.6 \div 2}_{} + \underbrace{1 \times 1 \div 2}_{} - \underbrace{0.4 \times 0.4 \div 2}_{}$$

$$= 0.5 - 0.18 + 0.5 - 0.08 = 0.74$$

よって、

$$P(-0.4 \leqq X \leqq 0.6) = 0.74$$

1-3 | 確率変数Xの平均・分散を求めてみよう
―― 確率変数 X の平均・分散

確率を相対度数と見なして、平均・分散を計算

○ 確率変数 X の平均・分散の定義

　1章2節の問題1.01で学んだように、データの相対度数分布表が与えられると、そこからデータの平均・分散を計算することができます。確率変数 X の平均・分散は、これに倣って定義されています。

　p.129で紹介した、確率変数の分布表と相対度数の分布表の類似をもう一度掲載します。

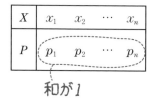
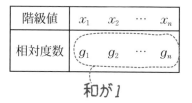

　上右のように相対度数の分布表が与えられたとき、
　平均は、

$$x_1 g_1 + x_2 g_2 + \cdots + x_n g_n$$

　分散は、

$$(x_1 - \overline{x})^2 g_1 + (x^2 - \overline{x})^2 g_2 + \cdots + (x_n - \overline{x})^2 g_n$$

と計算しました。確率変数 X の平均・分散もこれに倣って計算します。

　確率変数 X の平均を $E(X)$、分散を $V(X)$ で表します。

　先ほど例に挙げた、大小 2 枚のコインを投げたときの表の枚数を *X* としたとき、*X* の平均・分散を計算しましょう。

　分布は、

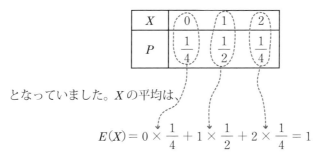

となっていました。*X* の平均は、

$$E(X) = 0 \times \frac{1}{4} + 1 \times \frac{1}{2} + 2 \times \frac{1}{4} = 1$$

と計算します。つまり、分布の表のタテに並んだ 2 数を掛けて足すわけです。

$E(X)$ の定義

　確率変数 *X* の分布が

X	x_1	x_2	$\cdots$	x_n
P	p_1	p_2	$\cdots$	p_n

に従えば、

$$E(X) = x_1 p_1 + x_2 p_2 + \cdots + x_n p_n$$

と計算します。

　次に確率変数の分散を定義しましょう。

　先ほど例に挙げた、大小 2 枚のコインを投げたときの表の枚数を *X* として、分散を計算しましょう。

分布は、

X	0	1	2
P	$\dfrac{1}{4}$	$\dfrac{1}{2}$	$\dfrac{1}{4}$

となっていました。分散を $V(X)$ と表します。$V(X)$ を計算するには、先に平均を計算しておかなければなりません。この X の平均は、先ほど計算したように、1 です。これとの差をとって、2 乗したものに確率を掛けていきます。つまり、

$$V(X) = (0 - 1)^2 \times \frac{1}{4} + (1 - 1)^2 \times \frac{1}{2} + (2 - 1)^2 \times \frac{1}{4} = \frac{1}{2}$$

$$\underset{E(X)}{\uparrow} \qquad\qquad \underset{E(X)}{\uparrow} \qquad\qquad \underset{E(X)}{\uparrow}$$

となります。

$V(X)$ の定義

確率変数 X の分布が、

X	x_1	x_2	$\cdots$	x_n
P	p_1	p_2	$\cdots$	p_n

であって、平均が m（←分布から計算した結果）になったとすると、

$$V(X) = (x_1 - m)^2 p_1 + (x_2 - m)^2 p_2 + \cdots + (x_n - m)^2 p_n$$

となります。

○データの平均と確率変数の平均

ここでは例を挙げて、データの平均と確率変数の平均の関係について説明していきます。

いま、全部で 1000 本の宝くじがあって、このうちアタリは、10000 円が1 本、1000 円が 20 本、はずれが 979 本であるとします。このくじを引いてもらえる金額を確率変数 X とおくことにします。確率変数 X の分布を表にすると、

X	0	1000	10000
P	$\dfrac{979}{1000}$	$\dfrac{20}{1000}$	$\dfrac{1}{1000}$

となります。これについて、平均を計算すると、

$$0 \times \frac{979}{1000} + 1000 \times \frac{20}{1000} + 10000 \times \frac{1}{1000} = 30 \quad \cdots\cdots①$$

となります。平均は 30 です。

一方、この宝くじをデータであるとして、平均を求めてみましょう。つまり、データのサイズが 1000 で、0 が 979 個、1000 が 20 個、10000 が 1個であるとするのです。

すると、データの平均の求め方により、

$$\frac{0 \times 979 + 1000 \times 20 + 10000 \times 1}{1000} = \frac{30000}{1000} = 30 \quad \cdots\cdots②$$

となりました。①と②の計算結果が同じになることは、次のように式変形をすることで分かります。

$$0 \times \frac{979}{1000} + 1000 \times \frac{20}{1000} + 10000 \times \frac{1}{1000}$$

$$= \frac{0 \times 979}{1000} + \frac{1000 \times 20}{1000} + \frac{10000 \times 1}{1000}$$

$$= \frac{0 \times 979 + 1000 \times 20 + 10000 \times 1}{1000}$$

　データから取り出したサンプルの変量を確率変数 X としたとき、$E(X)$ はデータの平均に等しくなるのです。

データの平均 = 確率変数 X の平均

　なお、②の分子は賞金総額ですから、②の式はこれを宝くじの本数で割って、宝くじの賞金が 1 本あたり何円になるかを求めていることになります。

　つまり、②の式から、この宝くじは 1 本あたり 30 円の価値がある、1 本あたり 30 円のバックを期待してよい、ということです。ですから、確率変数 X の平均のことを**期待値**（expectation）とも呼びます。データの場合は、平均という呼び名だけで、期待値とはいいません。データは"過去のデータ"であって、未来を期待するものではないからです。

　確率変数 X の $E(X)$ を、平均と呼ぶか期待値と呼ぶかは、本によりまちまちです。調べたところ、期待値と呼ぶ本が多いようです。データに関する指標と確率変数に関する指標をしっかりと区別しておきたいからでしょう。ただ、そのような本でも、データの分散と確率変数の分散については、異なる用語を用いることはできません。区別する用語がないからです。この本では、データの分布グラフとそれから作った確率変数 X の分布グラフが同じになることを強調する意味でも、あえて $E(X)$ を平均と呼ぶことにしました。

　宝くじの正味の価値は、賞金の期待値で表されます。もしも、このくじの値段が 50 円であるとすれば、その値段は割高であるといえます。実際、1000 本全部を 50 円で購入したとすれば、購入金額は $50 \times 1000 = 50000$ 円ですが、賞金総額は 30000 円ですから、確実に $50000 - 30000 = 20000$ 円を損します。

　現実的なことをいうと、宝くじ 1 本の値段はつねに賞金の期待値より高

くなります。宝くじ1本の値段が賞金の期待値よりも低いと宝くじの売り出し元が損をしてしまうからです。ですから、通常宝くじは、賞金の期待値に経費をのせて金額が定められています。

いま、売り出し元が別なA、B2つの宝くじがあるとします。どちらも値段は50円であるとします。どちらの方がよりお得な宝くじかを考えるとき、期待値を計算しておくと参考になります。同じ50円の宝くじでも、Aの期待値が30円、Bの期待値が20円であったら、期待値の高いAの方を選ぶというのが一つの戦略です。

宝くじを買うときに、宝くじの金額が賞金の期待値よりもどれだけ高いかに着目することは、統計学を生かした有効な視点の1つでしょう。

○ データの平均・分散と確率変数の平均・分散

ここでは、宝くじの例を踏まえ、データの平均・分散と確率変数の平均・分散の関係について、一般的にまとめておきます。

その前に、相対度数と確率の関係について復習します。

あるテストの点数のデータが下図のような相対度数のヒストグラムで分布しているものとします。

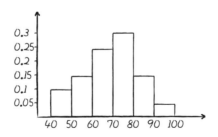

このときデータから1人を取り出し、その人の点数を確率変数 X とおくとき、$P(60 \leqq X < 70)$ はいくらになるでしょうか。60点以上70点未満の人が全体の 0.25 いるので、取り出した人が60点以上70点未満である確率は 0.25 になります。すなわち、$P(60 \leqq X < 70) = 0.25$ となります。

　つまり、このような状況の下では、

相対度数＝確率

となるのです。ですから、相対度数のヒストグラムを確率変数 X の分布
のグラフであると考えることができます。

　これを一般論でまとめます。

　相対度数の分布が分かっているデータがあるとき、データから取り出し
たサンプルの変量を確率変数 X とおきます。すると、次のように相対度
数のヒストグラムと確率分布のグラフは同じになります。

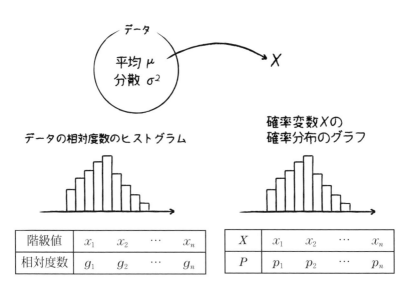

　データの平均 μ、分散 σ^2、確率変数 X の平均 $E(X)$、分散 $V(X)$ をそれ
ぞれ計算すると次のようになります。

$$\mu = x_1 g_1 + x_2 g_2 + \cdots + x_n g_n \qquad E(X) = x_1 p_1 + x_2 p_2 + \cdots + x_n p_n$$

$$\sigma^2 = (x_1 - \mu)^2 g_1 + \cdots + (x_n - \mu)^2 g_n \qquad V(X) = (x_1 - m)^2 p_1 + \cdots + (x_n - m)^2 p_n$$

$$(\text{ここで、} m = E(X))$$

　上での説明のように、データの相対度数 g_i と確率変数の確率 p_i が等しくなるので、μ は $E(X)$ に一致し、σ^2 は $V(X)$ に一致し、

$$\mu = E(X)、\sigma^2 = V(X)$$

となります。

　このようにデータから取り出した個体の値を確率変数 X とおくと、データの平均・分散と X の平均・分散が等しくなるのです。

　こういう背景があるので、確率変数 X について上の定義で計算したものを、同じ用語を用いて平均、分散と呼ぶのです。X の平均・分散の定義が自然であることを理解していただけたと思います。

　推測統計の根本には、この

　　「データから取り出したサンプルの値を確率変数 X と捉える」

視点があります。こう捉えることで、確率変数の諸性質（これから述べる）を用いて標本から母集団の性質を予測することができるようになるのです。

　ですから、多くの統計学の本では、検定・推定を紹介する前に確率変数の基礎から性質までをみっちり説明しておくわけです。ただ、そのような本の構成にすると、確率変数のところでつまずいてしまう人が多いのです。そこでこの本では、1章では、確率変数という抽象的で難解なものを顕在化せず、推定・検定までを説明したのです。ここがこの本で工夫したところです。

1-4 | 連続型確率変数でも 平均・分散はある！
—— 連続型確率変数の平均・分散

連続型確率変数の平均・分散を求めるにはどうしたらよいでしょうか。

　さて、確率分布が表で与えられているときは、先のように平均・分散を計算するとして、確率分布が確率密度関数 $f(x)$ によって与えられているときは、どう計算すればよいでしょうか。

　それを述べる前に確率密度関数 $f(x)$ によって確率変数 X の確率分布が与えられたとき、$P(a \leqq X \leqq b)$ が $f(x)$ の a から b までの定積分で表されることを説明しておきましょう。

　なお、この節は、積分を一度学んだことがある人でないと理解が難しいので、飛ばして構いません。

確率密度関数を定積分すると確率になる

　連続型確率変数 X の確率分布が確率密度関数 $f(x)$ によって表されるとき、

$$P(a \leqq X \leqq b) = \int_a^b f(x)dx$$

　確率変数 X が離散型の場合、確率分布のグラフはヒストグラムに一致し、柱状グラフになっていました。

　確率変数 X が連続型の場合、確率密度関数 $f(x)$ のグラフは一般には曲線になります。この場合は、曲線 $y = f(x)$ を柱状グラフの極限であると捉えればよいのです。

　曲線を近似する相対度数のヒストグラムの平均・分散の計算をしておき、それを極限に持っていきます。

　このとき参考になるのが高校で習った（文系の人は習っていないかもしれない）積分の考え方なのです。

　積分の概念をちょっとだけ復習してみましょう。

　下左図のような、$a \leqq x \leqq b$ の範囲で、$y = g(x)$ と x 軸で囲まれる部分の面積は定積分で表されることを説明してみましょう。

　曲線で囲まれた部分の面積を求めるには、長方形を並べた階段状の形で曲線の図形を近似していきます。

　下右図のようなアカ枠で囲まれた部分の面積を表しましょう。

　x_i に対応する関数の値を $g(x_i)$ とすれば、アカ枠で囲まれた部分の面積はタテ $g(x_i)$、ヨコ d の長方形の面積を足して、

$$g(x_1)d + g(x_2)d + \cdots + g(x_n)d$$

となります。ここで、長方形のヨコ幅 d を 0 に近づけていくと、$g(x_i)$ の頭をつないでいったグラフは $y = g(x)$ が表す曲線に近づき、アカ枠の面積は曲線と x 軸で囲まれた部分の面積に近づいていきます。

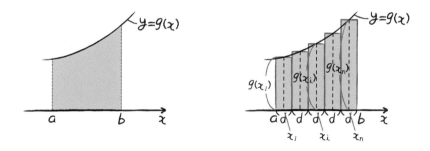

　一方、$a \leqq x \leqq b$ の範囲で、曲線 $y = g(x)$ と x 軸で囲まれた部分の面積は、定積分を用いて

$$\int_a^b g(x)dx$$

と表されました。定積分のことを忘れてしまった人は、この記号のことを

「$a \leqq x \leqq b$ の範囲で、曲線 $y = g(x)$ と x 軸で囲まれた部分の面積」

を表す記号であると思ってください。

　長方形のヨコ幅 d を 0 に近づけていくとき、

$$g(x_1)d + g(x_2)d + \cdots + g(x_n)d \quad が \quad \int_a^b g(x)dx \qquad \cdots\cdots①$$

に近づいていくわけです。

　この準備のもと、$P(a \leqq x \leqq b)$ が、$f(x)$ の a から b までの定積分で表されることを説明してみましょう。

　確率密度関数の曲線 $y = f(x)$ をヒストグラムに置き換えて確率（面積）を求めます。

　階級幅 d、階級値 x_i とします。階級値 x_i に対応する確率密度関数の値を $f(x_i)$ とします。ヒストグラムで考えたとき、X が a から b までになる確率は、ヒストグラムのアカ枠で囲まれた部分の面積 $f(x_1)d + f(x_2)d + \cdots + f(x_n)d$ で表されます。

　d を小さくしていくと、

$$f(x_1)d + f(x_2)d + \cdots + f(x_n)d は、P(a \leqq X \leqq b)$$

に近づいていきます。

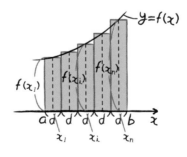

　一方、定積分の復習で確認したように、d を小さくしていくとき、

$$f(x_1)d + f(x_2)d + \cdots + f(x_n)d \quad \text{は} \quad \int_a^b f(x)dx$$

に近づいていくのでした。

　つまり、$f(x_1)d + f(x_2)d + \cdots + f(x_n)d$ を仲立ちとして、

$$P(a \leqq X \leqq b) = \int_a^b f(x)dx$$

となることが示されました。

　なお、a を $-\infty$(マイナス無限大)、b を ∞(無限大)にすれば、$y = f(x)$ と x 軸の間に挟まれる領域全体の面積を表しますから、

$$\int_{-\infty}^{\infty} f(x)dx = 1$$

となります。この式は、$f(x)$ が連続型の確率変数 X を表す確率密度関数であれば必ず成り立つ式です。

　次に、連続型確率変数 X の確率分布が確率密度関数 $f(x)$ によって表されているときの平均・分散の定義を紹介しましょう。

連続型確率変数の平均・分散の定義

　確率変数 X の確率分布が確率密度関数 $f(x)$ によって表されるとき、平均は、

$$E(X) = \int_{-\infty}^{\infty} x f(x)dx$$

　分散は、$m = E(X)$ とおいて、

$$V(X) = \int_{-\infty}^{\infty} (x - m)^2 f(x)dx$$

以下、なぜこのような定義になるのか説明してみましょう。

確率変数 X の平均を求めてみましょう。X の平均を求めるために $y = f(x)$ をヒストグラムで近似したときの確率分布の表を書いてみましょう。前の式で $f(x_i)d$ は長方形の面積であり、階級値 x_i となる確率でした。ですから、確率分布の表は次のようになります。

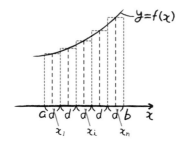

X	x_1	x_2	$\cdots$	x_n
P	$f(x_1)d$	$f(x_2)d$		$f(x_n)d$

平均を求めるには、x_i を x_i を含む範囲の階級値であると考えて、$f(x_i)d$ に x_i を掛けて足し上げて、

$$\underbrace{x_1 f(x_1)d}_{確率} + \underbrace{x_2 f(x_2)d}_{確率} + \cdots + \underbrace{x_n f(x_n)d}_{確率} \qquad \cdots\cdots②$$

となります。これが $y = f(x)$ をヒストグラムで近似したときの平均です。

d が 0 に近づいていくとき、ヒストグラムが確率密度関数 $y = f(x)$ という曲線のグラフに近づいていくのですから、②が近づいていく値は、確率変数 X の平均になるはずです。

ところで、①の左辺と②を見比べると、②は①の $g(x)$ が $xf(x)$ に置き換わったものであると見ることができます。ですから、d が 0 に近づいていくとき、

$$\left(\begin{array}{c} g(x_1)d + g(x_2)d + \cdots + g(x_n)d、\int_a^b g(x)dx\ で \\ g(x) \rightarrow xf(x) と置き換えると \end{array} \right)$$

$$x_1 f(x_1)d + x_2 f(x_2)d + \cdots + x_n f(x_n)d \quad が \quad \int_a^b x f(x)dx \quad \cdots\cdots ③$$

に近づいていきます。

　ですから、確率変数 X の確率分布が確率密度関数 $f(x)$ で表されるとき、X の平均は③の右辺で定義するわけです。

　定積分の範囲は $a \leqq x \leqq b$ となっていますが、この a、b は $f(x)$ が 0 でない範囲を含むように適当にとったものですから、範囲を広げて $-\infty$（マイナス無限大）から ∞（無限大）にしておきます。

　確率変数 X の確率分布が確率密度関数 $f(x)$ によって表されるとき、平均は、

$$E(X) = \int_{-\infty}^{\infty} x f(x)dx$$

　同様の議論を経て、分散は、$m = E(X)$ とおいて、

$$V(X) = \int_{-\infty}^{\infty} (x - m)^2 f(x)dx$$

と定義されます。

　連続型の分布関数に関して、上の公式を用いて平均、分散を求めてみましょう。高校で習う積分の計算を用います。計算の仕方を忘れてしまった人は飛ばして構いません。

問題 **2.04** 確率変数 X の確率分布が、確率密度関数

$$f(x) = \begin{cases} 0 & (x \leqq -1) \\ \dfrac{3}{4} - \dfrac{3}{4}x^2 & (-1 \leqq x \leqq 1) \\ 0 & (1 \leqq x) \end{cases}$$

によって表されるとき、以下を求めてください。

(1) $P\left(\dfrac{1}{3} \leqq x \leqq \dfrac{2}{3}\right)$

(2) $P(-1 \leqq x \leqq 1)$

(3) $E(X)$

(4) $V(X)$

確率変数 X の確率分布が確率密度関数 $f(x)$ によって表されるとき、確率、平均、分散を求めてみましょう。

$y = f(x)$ のグラフは次のようになります。

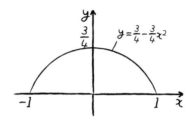

(1)
$$P(a \leqq x \leqq b) = \int_a^b f(x)\,dx$$

を用います。

$$P\left(\frac{1}{3} \leqq x \leqq \frac{2}{3}\right) = \int_{\frac{1}{3}}^{\frac{2}{3}}\left(\frac{3}{4} - \frac{3}{4}x^2\right)dx = \left[\frac{3}{4}x - \frac{3}{4}\cdot\frac{1}{3}x^3\right]_{\frac{1}{3}}^{\frac{2}{3}}$$

$$= \frac{3}{4}\left(\frac{2}{3} - \frac{1}{3}\right) - \frac{1}{4}\left(\left(\frac{2}{3}\right)^3 - \left(\frac{1}{3}\right)^3\right)$$

$$= \frac{5}{27}$$

これは次頁の図 1 の面積を表しています。

(2) $P(-1 \leqq x \leqq 1) = \int_{-1}^{1} \left(\frac{3}{4} - \frac{3}{4} x^2 \right) dx = \left[\frac{3}{4} x - \frac{3}{4} \cdot \frac{1}{3} x^3 \right]_{-1}^{1}$

$\qquad = \frac{3}{4} (1 - (-1)) - \frac{1}{4} (1^3 - (-1)^3)$

$\qquad = 1$

これは全確率が1であることを表しています。下図2のアカい部分の面積は1です。

この性質があるからこそ、$f(x)$は確率密度関数なのです。

$f(x)$が確率密度関数であるための条件は、$f(x)$が

$$\begin{cases} (\text{i}) \quad \text{すべての } x \text{ で、} f(x) \geqq 0 \\ (\text{ii}) \quad \int_{-\infty}^{\infty} f(x) dx = 1 \end{cases}$$

を満たすことです。

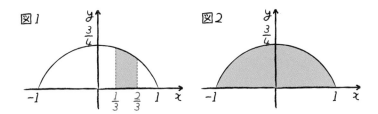

(3) 平均を求めるには、

$$E(X) = \int_{-\infty}^{\infty} x f(x) dx$$

を用います。

xが-1以下または1以上のとき$f(x) = 0$ですから、積分区間は初めから-1から1までとします。

$$E(X) = \int_{-1}^{1} x f(x) dx = \int_{-1}^{1} x \left(\frac{3}{4} - \frac{3}{4} x^2 \right) dx = \int_{-1}^{1} \left(\frac{3}{4} x - \frac{3}{4} x^3 \right) dx$$

$$= \left[\frac{3}{4} \cdot \frac{1}{2} x^2 - \frac{3}{4} \cdot \frac{1}{4} x^4 \right]_{-1}^{1} = \frac{3}{8} (1^2 - (-1)^2) - \frac{3}{16} (1^4 - (-1)^4)$$

$$= 0$$

(4)　分散を求めるには、$m = E(X)$ とおいて、

$$V(X) = \int_{-\infty}^{\infty} (x - m)^2 f(x) dx$$

を用います。(3)から $m = 0$ です。したがって、

$$V(X) = \int_{-1}^{1} (x - 0)^2 f(x) dx = \int_{-1}^{1} x^2 f(x) dx = \int_{-1}^{1} x^2 \left(\frac{3}{4} - \frac{3}{4} x^2 \right) dx$$

$$= \int_{-1}^{1} \left(\frac{3}{4} x^2 - \frac{3}{4} x^4 \right) dx = \left[\frac{3}{4} \cdot \frac{1}{3} x^3 - \frac{3}{4} \cdot \frac{1}{5} x^5 \right]_{-1}^{1}$$

$$= \frac{1}{4} (1^3 - (-1)^3) - \frac{3}{20} (1^5 - (-1)^5)$$

$$= \frac{1}{5}$$

1-5 | $X+a$、bX、$X+Y$ の平均・分散は？
—— 確率変数 X の $E(X)$、$V(X)$ についての公式

$X+a$、bX、$X+Y$ の平均・分散は X、Y の平均・分散とどのような関係があるの？

○ $X+a$、bX の平均・分散

1章では、データに一律に a を足したとき、一律に b 倍したときに平均・分散がどう変化するかについて学びました。

データの平行移動・定数倍

もとのデータの平均を $\overline{x}$、分散を s^2、作り直したデータの平均を $\overline{x'}$、分散を s'^2 とする。

（平行移動）　もとのデータの変量に一律 a を足すとき、
$$\overline{x'} = \overline{x} + a、\ s'^2 = s^2$$

（定　数　倍）　もとのデータの変量を一律に b 倍するとき、
$$\overline{x'} = b\overline{x}、\ s'^2 = b^2 s^2$$

確率変数 X の場合も同様の公式が成り立ちます。すなわち、確率変数 X をもとにして作った確率変数 $X+a$、bX に関して次が成り立ちます。

$$E(X+a) = E(X) + a \qquad V(X+a) = V(X)$$
$$E(bX) = bE(X) \qquad V(bX) = b^2 V(X)$$

このことを、具体例を通して確認してみましょう。

問題 **2.05** 確率変数 X の分布が次の表で与えられるとき、上の式が成り立つことを説明してください。

X	x_1	x_2	x_3
P	p_1	p_2	p_3

$X + a$、bX も表に書き込んでおくと、

X	x_1	x_2	x_3
$X + a$	$x_1 + a$	$x_2 + a$	$x_3 + a$
bX	bx_1	bx_2	bx_3
P	p_1	p_2	p_3

ここで、p_1、p_2、p_3 は

$$p_1 + p_2 + p_3 = 1$$

を満たします。

定義に従って計算しましょう。

$$
\begin{aligned}
E(X + a) &= (x_1 + a)p_1 + (x_2 + a)p_2 + (x_3 + a)p_3 \\
&= x_1 p_1 + a p_1 + x_2 p_2 + a p_2 + x_3 p_3 + a p_3 \\
&= x_1 p_1 + x_2 p_2 + x_3 p_3 + a\underbrace{(p_1 + p_2 + p_3)}_{1} \\
&= E(X) + a
\end{aligned}
$$

ここで、$E(X) = m$ とおきます。$E(X + a) = m + a$

$$
\begin{aligned}
V(X + a) &= (x_1 + a - (m + a))^2 p_1 + (x_2 + a - (m + a))^2 p_2 \\
&\quad + (x_3 + a - (m + a))^2 p_3 \\
&= (x_1 - m)^2 p_1 + (x_2 - m)^2 p_2 + (x_3 - m)^2 p_3 \\
&= V(X)
\end{aligned}
$$

bX の方は、

$$E(bX) = bx_1 p_1 + bx_2 p_2 + bx_3 p_3$$
$$= b(x_1 p_1 + x_2 p_2 + x_3 p_3)$$
$$= b\underbrace{E(X)}_{m} = bm$$

$E(bX)=bm$ より

$$V(bx) = (bx_1 - \overbrace{bm})^2 p_1 + (bx_2 - bm)^2 p_2 + (bx_3 - bm)^2 p_3$$
$$= b^2(x_1 - m)^2 p_1 + b^2(x_2 - m)^2 p_2 + b^2(x_3 - m)^2 p_3$$
$$= b^2\{(x_1 - m)^2 p_1 + (x_2 - m)^2 p_2 + (x_3 - m)^2 p_3\}$$
$$= b^2 V(X)$$

定義をもとに計算すると、ずいぶんとあっさり公式が成り立つことを説明することができました。

○ X と Y から $X + Y$、XY を作る

次に2つの確率変数があるとき、それらを組み合わせてできる確率変数についての平均・分散の計算の仕方を紹介しましょう。

次の問題を材料にして説明します。（2）以降は、まだ説明していないことを用いていますから、解答を読んで理解してください。

問題 **2.06**

　図のような正四面体（すべての面が正三角形の三角すい）のサイコロとコインを同時に投げます。正四面体には 2 から 5 までの数が、コインのそれぞれの面には 6 と 7 が書かれています。

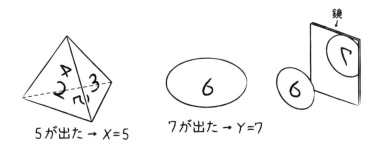

　正四面体サイコロの出た目（下に来た目）に書かれた数を確率変数 X、コインの出た目（下に来た目）に書かれた数を確率変数 Y とします。ただし、各目が出る確率は同様に確からしいものとします。

(1)　$E(X)$、$V(X)$、$E(Y)$、$V(Y)$ を求めてください。

(2)　$E(X + Y)$、$V(X + Y)$ を求めてください。

(3)　$E(X^2)$、$E(XY)$ を求めてください。

　「各目が出る確率は同様に確からしいものとします」

ということは、サイコロの各目が出る確率はそれぞれ $\dfrac{1}{4}$、コインの各目の出る確率はそれぞれ $\dfrac{1}{2}$ になるということです。

(1)　これらは今までの知識で解くことができます。

　X、Y の分布の表を書くと、次のようになります。

X	2	3	4	5
P	$\dfrac{1}{4}$	$\dfrac{1}{4}$	$\dfrac{1}{4}$	$\dfrac{1}{4}$

Y	6	7
P	$\dfrac{1}{2}$	$\dfrac{1}{2}$

$$E(X) = 2 \cdot \frac{1}{4} + 3 \cdot \frac{1}{4} + 4 \cdot \frac{1}{4} + 5 \cdot \frac{1}{4} = \frac{14}{4} = \frac{7}{2}$$

$$V(X) = \left(2 - \frac{7}{2}\right)^2 \cdot \frac{1}{4} + \left(3 - \frac{7}{2}\right)^2 \cdot \frac{1}{4} + \left(4 - \frac{7}{2}\right)^2 \cdot \frac{1}{4} + \left(5 - \frac{7}{2}\right)^2 \cdot \frac{1}{4}$$

$$= \frac{9}{4} \cdot \frac{1}{4} + \frac{1}{4} \cdot \frac{1}{4} + \frac{1}{4} \cdot \frac{1}{4} + \frac{9}{4} \cdot \frac{1}{4} = \frac{20}{16} = \frac{5}{4}$$

$$E(Y) = 6 \cdot \frac{1}{2} + 7 \cdot \frac{1}{2} = \frac{13}{2}$$

$$V(Y) = \left(6 - \frac{13}{2}\right)^2 \cdot \frac{1}{2} + \left(7 - \frac{13}{2}\right)^2 \cdot \frac{1}{2}$$

$$= \frac{1+1}{8} = \frac{1}{4}$$

（2）　$X + Y$ は、確率変数 X と確率変数 Y の和で表される確率変数です。

　　$X + Y$ の分布表を書いて調べてみましょう。

　Y の出る目をタテに、X の出る目をヨコにとり、表にしてみます。タテ 2 個、ヨコ 4 個ですから、マス目は全部で $2 \times 4 = 8$ 個です。この 8 個のマス目の中に $X + Y$ の値を書き込んでいきます。すると次項の左表のようになります。右の表はそれぞれのマス目に対応する確率を書き込んだものです。

　表中の数は、X の目の出る確率 $\dfrac{1}{4}$ と Y の目の出る確率 $\dfrac{1}{2}$ を掛けて、$\dfrac{1}{4} \times \dfrac{1}{2} = \dfrac{1}{8}$ となります。なぜこの計算でよいかについてはあとで詳しく述べます。

X + Y の値

$\diagdown$ X Y	2	3	4	5
6	8	9	10	11
7	9	10	11	12

$P(X+Y=11)$
$=\dfrac{1}{8}+\dfrac{1}{8}=\dfrac{1}{4}$

確率

$\diagdown$ X Y	2	3	4	5
6	$\dfrac{1}{8}$	$\dfrac{1}{8}$	$\dfrac{1}{8}$	$\dfrac{1}{8}$
7	$\dfrac{1}{8}$	$\dfrac{1}{8}$	$\dfrac{1}{8}$	$\dfrac{1}{8}$

例えば、$X + Y = 11$ となるのは、アカ破線で囲んだ、$X = 4$、$Y = 7$ の
ときと $X = 5$、$Y = 6$ のときの 2 通りなので、$P(X + Y = 11)$ となる確率は、

$$P(X + Y = 11) = \frac{1}{8} + \frac{1}{8} = \frac{2}{8}$$

このように考えると、$X + Y$ の分布は次のようにまとまります。

$X + Y$	8	9	10	11	12
P	$\dfrac{1}{8}$	$\dfrac{2}{8}$	$\dfrac{2}{8}$	$\dfrac{2}{8}$	$\dfrac{1}{8}$

これをもとに $X + Y$ の平均、分散を計算します。

$$E(X + Y) = 8 \cdot \frac{1}{8} + 9 \cdot \frac{2}{8} + 10 \cdot \frac{2}{8} + 11 \cdot \frac{2}{8} + 12 \cdot \frac{1}{8}$$

$$= \frac{8 + 18 + 20 + 22 + 12}{8} = \frac{80}{8} = 10$$

$$V(X + Y) = (8 - 10)^2 \cdot \frac{1}{8} + (9 - 10)^2 \cdot \frac{2}{8}$$

$$+ (10 - 10)^2 \cdot \frac{2}{8} + (11 - 10)^2 \cdot \frac{2}{8} + (12 - 10)^2 \cdot \frac{1}{8}$$

$$= \frac{4 + 2 + 0 + 2 + 4}{8} = \frac{12}{8} = \frac{3}{2}$$

これらを $E(X)+E(Y)$、$V(X)+V(Y)$ と比べてみましょう。

$$E(X)+E(Y)=\frac{7}{2}+\frac{13}{2}=10$$

$$V(X)+V(Y)=\frac{5}{4}+\frac{1}{4}=\frac{3}{2}$$

ですから、

$$E(X+Y)=E(X)+E(Y)$$
$$V(X+Y)=V(X)+V(Y)$$

が成り立っていることが分かります。

(3)　X^2 の分布を調べてみましょう。

X	2	3	4	5
X^2	4	9	16	25
P	$\dfrac{1}{4}$	$\dfrac{1}{4}$	$\dfrac{1}{4}$	$\dfrac{1}{4}$

$$E(X^2)=4\cdot\frac{1}{4}+9\cdot\frac{1}{4}+16\cdot\frac{1}{4}+25\cdot\frac{1}{4}$$

$$=\frac{4+9+16+25}{4}=\frac{27}{2}=13.5$$

XY の様子を表にまとめると次のようになります。

XY の値

$\diagdown$ X Y	2	3	4	5
6	12	18	24	30
7	14	21	28	35

確率

$\diagdown$ X Y	2	3	4	5
6	$\dfrac{1}{8}$	$\dfrac{1}{8}$	$\dfrac{1}{8}$	$\dfrac{1}{8}$
7	$\dfrac{1}{8}$	$\dfrac{1}{8}$	$\dfrac{1}{8}$	$\dfrac{1}{8}$

$$E(XY) = 12 \cdot \frac{1}{8} + 18 \cdot \frac{1}{8} + 24 \cdot \frac{1}{8} + 30 \cdot \frac{1}{8}$$

$$+ 14 \cdot \frac{1}{8} + 21 \cdot \frac{1}{8} + 28 \cdot \frac{1}{8} + 35 \cdot \frac{1}{8}$$

$$= \frac{12 + 18 + 24 + 30 + 14 + 21 + 28 + 35}{8} = \frac{182}{8} = \frac{91}{4} = 22.75$$

一方、

$$E(X)E(Y) = \frac{7}{2} \times \frac{13}{2} = \frac{91}{4} = 22.75$$

となりますから、

$$E(XY) = E(X)E(Y)$$

が成り立っています。

○ $X + Y$、XY の平均・分散に関する公式

前の問題では、

$$E(X + Y) = E(X) + E(Y) \quad \cdots\cdots ①$$
$$V(X + Y) = V(X) + V(Y) \quad \cdots\cdots ②$$
$$E(XY) = E(X)E(Y) \quad\quad\quad \cdots\cdots ③$$

が成り立っていました。これは一般的に成り立つ式なのでしょうか、それともたまたまこの例で成り立っている式なのでしょうか。

結論からいうと、①はつねに成り立つ式です。

> ### 確率変数の和の期待値は、期待値の和
> $\underset{(平均)}{}$　　　　$\underset{(平均)}{}$

になっています。

②と③は、確率変数 X、Y が "独立" であるという条件のもとで成り立ちます。

> "独立" とは、この例に即して簡単にいえば、
>
> "X の目の出方と Y の目の出方が影響しあわない、無関係のとき"

ということです。

$X = 4$ となる確率が $\dfrac{1}{4}$、$Y = 7$ となる確率が $\dfrac{1}{2}$ ですが、

$X = 4$、$Y = 7$ となる確率は、$X = 4$ となっている上にさらに $Y = 7$ となる確率なので、$X = 4$ となる確率 $\dfrac{1}{4}$ (アカ破線の長方形) のさらに $\dfrac{1}{2}$ 倍、つまり

$$\frac{1}{4} \times \frac{1}{2} = \frac{1}{8}$$

と計算することが自然だと感じることでしょう。

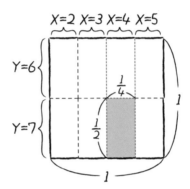

　でも、このような計算は X の目の出方と Y の目の出方が影響しあわないからこそ、してもよい計算なのです。

　もしも、X の目が 4 のときは、Y は 6 が出やすくなり、X の目が 5 のときは、Y は 7 が出やすくなるというようなときは、Y の目の出方は X の目によるのですから、X の目の出方と Y の目の出方は影響しあっていると捉えるわけです。

　例えば、

X ＼ Y	2	3	4	5	計
6	$\frac{3}{16}$	$\frac{1}{16}$	$\frac{3}{16}$	$\frac{1}{16}$	$\frac{1}{2}$
7	$\frac{1}{16}$	$\frac{3}{16}$	$\frac{1}{16}$	$\frac{3}{16}$	$\frac{1}{2}$
計	$\frac{1}{4}$	$\frac{1}{4}$	$\frac{1}{4}$	$\frac{1}{4}$	1

となる場合がそうです。マス目には確率が書かれています。

　表から、$X = 3$、$Y = 6$ となる確率は $\dfrac{1}{16}$ と分かります。

　$X = 4$ のとき、

$$Y = 6 \text{ となる確率は } \frac{3}{16}、\ Y = 7 \text{ となる確率は } \frac{1}{16}$$

なので、$X = 4$ のときは $Y = 6$ の方が出やすいです。

　一方、$X = 5$ のとき、

$$Y = 6 \text{ となる確率は } \frac{1}{16}、\ Y = 7 \text{ となる確率は } \frac{3}{16}$$

なので、$X = 5$ のときは $Y = 7$ の方が出やすいです。

　ここで注意しておきたいのは、X の各目が出る確率は $\dfrac{1}{4}$、Y の各目の出る確率は $\dfrac{1}{2}$ になっているということです。

　実際に計算してみると、

$$X = 3 \text{ となる確率は、} \frac{1}{16} + \frac{3}{16} = \frac{1}{4}$$

$$Y = 6 \text{ となる確率は、} \frac{3}{16} + \frac{1}{16} + \frac{3}{16} + \frac{1}{16} = \frac{1}{2}$$

です。たしかに X だけ、Y だけを見ると、正四面体のサイコロとコインを扱った問題 2.06 の設定に当てはまっています。X の各目の出る確率が $\dfrac{1}{4}$、Y の各目の出る確率が $\dfrac{1}{2}$ となっていても、

$X = 2$、$Y = 6$ となる確率が $\dfrac{1}{4} \times \dfrac{1}{2} = \dfrac{1}{8}$ となるとは限らない分布が存在するわけです。

　<u>X と Y が独立であるという条件があるときに限って、各マス目の確率を掛け算で計算できるのです。</u>

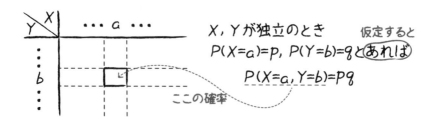

　ですから、厳密には、問題 2.06 の問題文には、「サイコロの目の出方と
コインの目の出方は独立であるものとする」と書かれていなければなりま
せん。

　ただ、サイコロの目とコインの目が互いに影響し合っているとは考えに
くいので、問題文に何も書かれていない場合には、X と Y が独立であると
判断するのが自然でしょう。

　①の式はつねに成り立つといいました。①の式は、X と Y が独立でない
ときでも成り立ちます。

　p.166 の表のときも成り立つことを確認してみましょう。実は、次の計
算は一般の場合の証明を意識して書かれています。余裕がある人は、これ
を文字に置き換えると証明になるんだと思いながら読んでください。

$X + Y$ の値

Y＼X	2	3	4	5
6	8	9	10	11
7	9	10	11	12

確率

Y＼X	2	3	4	5	計
6	$\frac{3}{16}$	$\frac{1}{16}$	$\frac{3}{16}$	$\frac{1}{16}$	$\frac{1}{2}$
7	$\frac{1}{16}$	$\frac{3}{16}$	$\frac{1}{16}$	$\frac{3}{16}$	$\frac{1}{2}$
計	$\frac{1}{4}$	$\frac{1}{4}$	$\frac{1}{4}$	$\frac{1}{4}$	1

この表をもとに確率変数 $X + Y$ の平均を計算してみましょう。

　問題の設定の場合には、$X + Y = 9$ となる場合の確率、$X + Y = 10$ となる場合の確率というように、分布表の表をまとめて直してから計算しました。実はまとめ直さなくとも、計算することができるのです。

　　$X + Y = 9$ となる場合の確率は、$\dfrac{1}{16} + \dfrac{1}{16}$

です。$E(X + Y)$ の計算の中では、$9 \times \left(\dfrac{1}{16} + \dfrac{1}{16} \right)$

とするところですが、これは次の計算の $\overbrace{}$ のようにバラしたまま計算してもよいのです。分配法則を用いれば、

$$9 \times \left(\dfrac{1}{16} + \dfrac{1}{16} \right) = 9 \times \dfrac{1}{16} + 9 \times \dfrac{1}{16}$$

となるからです。ですから、$E(X + Y)$ を計算するには、前頁の表の左右（確率変数の値と確率）を比べて、次のように計算することができます。

$E(X + Y) =$

$$\underbrace{(6 + 2) \times \dfrac{3}{16}}_{8} + \underbrace{(6 + 3) \times \dfrac{1}{16}}_{9} + \underbrace{(6 + 4) \times \dfrac{3}{16}}_{10} + \underbrace{(6 + 5) \times \dfrac{1}{16}}_{11}$$

$$+ \underbrace{(7 + 2) \times \dfrac{1}{16}}_{9} + \underbrace{(7 + 3) \times \dfrac{3}{16}}_{10} + \underbrace{(7 + 4) \times \dfrac{1}{16}}_{11} + \underbrace{(7 + 5) \times \dfrac{3}{16}}_{12}$$

カッコを外して展開したあと、サイコロ、コインの目の数でまとめ直します。

$$2 \times \underbrace{\left(\dfrac{3}{16} + \dfrac{1}{16} \right)}_{①} + 3 \times \left(\dfrac{1}{16} + \dfrac{3}{16} \right) + 4 \times \left(\dfrac{3}{16} + \dfrac{1}{16} \right) + 5 \times \left(\dfrac{1}{16} + \dfrac{3}{16} \right)$$

$$+ 6 \times \underbrace{\left(\dfrac{3}{16} + \dfrac{1}{16} + \dfrac{3}{16} + \dfrac{1}{16} \right)}_{②} + 7 \times \left(\dfrac{1}{16} + \dfrac{3}{16} + \dfrac{1}{16} + \dfrac{3}{16} \right)$$

　ここで、波線①は $X = 2$ のマス目に書かれた確率をすべて足したもの
になっていますから、$X = 2$ となる確率を表しています。また波線②は
$Y = 6$ のマス目に書かれた確率をすべて足したものになっていますから、
$Y = 6$ になる確率を表しています。ですから、ここを計算すると、

$$\underbrace{2 \cdot \frac{1}{4} + 3 \cdot \frac{1}{4} + 4 \cdot \frac{1}{4} + 5 \cdot \frac{1}{4}}_{③} + \underbrace{6 \cdot \frac{1}{2} + 7 \cdot \frac{1}{2}}_{④}$$

ここで波線③は $E(X)$、波線④は $E(Y)$ ですから、

$$E(X) + E(Y)$$

つまり、X、Y が独立でない場合も、

$$E(X + Y) = E(X) + E(Y)$$

が成り立つことが説明できました。

　X、Y が独立のときに②が成り立っていることの証明は省略します。

　③の方に関しては、確率変数 X と Y が独立のときに成り立つ等式であ
ることの証明のエッセンスをお目にかけましょう。右辺の $E(X)$、$E(Y)$ を
計算式で書いたあと、展開します。

$E(X)E(Y)$

$$= \left(2 \cdot \frac{1}{4} + 3 \cdot \frac{1}{4} + 4 \cdot \frac{1}{4} + 5 \cdot \frac{1}{4} \right) \left(6 \cdot \frac{1}{2} + 7 \cdot \frac{1}{2} \right)$$

$$= 2 \cdot 6 \cdot \frac{1}{4} \cdot \frac{1}{2} + 3 \cdot 6 \cdot \frac{1}{4} \cdot \frac{1}{2} + 4 \cdot 6 \cdot \frac{1}{4} \cdot \frac{1}{2} + 5 \cdot 6 \cdot \frac{1}{4} \cdot \frac{1}{2}$$

$$\quad + 2 \cdot 7 \cdot \frac{1}{4} \cdot \frac{1}{2} + 3 \cdot 7 \cdot \frac{1}{4} \cdot \frac{1}{2} + 4 \cdot 7 \cdot \frac{1}{4} \cdot \frac{1}{2} + 5 \cdot 7 \cdot \frac{1}{4} \cdot \frac{1}{2}$$

$$= 12 \cdot \frac{1}{8} + 18 \cdot \frac{1}{8} + 24 \cdot \frac{1}{8} + 30 \cdot \frac{1}{8}$$

$$\quad + 14 \cdot \frac{1}{8} + 21 \cdot \frac{1}{8} + 28 \cdot \frac{1}{8} + 35 \cdot \frac{1}{8}$$

$$= E(XY)$$

　X と Y が独立なので、各確率(例えば $X = 2$、$Y = 6$ のとき)は

$\frac{1}{4} \times \frac{1}{2} = \frac{1}{8}$ と掛け算で書けます。これがちょうどカッコを外すとき

の掛け算で作られているわけです。この説明を見ると、独立でないときは

必ずしも成り立たない式であることが分かります。

　最後に、**$V(X)$** に関する等式を紹介しましょう。

　p.33 のコラムでは、$s^2 = \overline{x^2} - (\overline{x})^2$ という式を紹介しました。この式は、

データの分散、平均についての等式でした。これの確率変数バージョンが

次の式です。

$$V(X) = E(X^2) - \{E(X)\}^2$$

問題の値で右辺を計算してみると、

$$E(X^2) - \{E(X)\}^2 = \frac{27}{2} - \left(\frac{7}{2}\right)^2 = \frac{5}{4}$$

たしかに、$V(X) = \dfrac{5}{4}$ と一致しています。

確率変数に関する $E(X)$、$V(X)$ の公式をまとめておきましょう。

$E(X)$、$V(X)$ に関する公式

確率変数 X、Y に対して、

$$E(aX + b) = aE(X) + b$$
$$E(X + Y) = E(X) + E(Y)$$
$$V(aX + b) = a^2 V(X)$$
$$V(X) = E(X^2) - \{E(X)\}^2$$

特に、X と Y が独立な確率変数のとき、

$$E(XY) = E(X)E(Y)$$
$$V(X + Y) = V(X) + V(Y)$$

UNIT 2 二項分布

2-1 組合せの個数を表す記号C
——コンビネーションと道順

コンビネーション、道順、パスカルの三角形について理解しよう。

1章では、正規分布を紹介する際に、二項分布の極限であると説明しました。いよいよ、二項分布について説明するときが来ました。二項分布を学ぶことで正規分布の仕組みに少し近づくことができます。正規分布の理解を深めるつもりでこの章を読んでください。

初めに、組合せの個数を表すC（コンビネーション、combination）の記号について復習しましょう。高校の数学で習ったはずですが、普段使う機会がないので忘れてしまっている人も多いことでしょう。これについてよく分かっている人は、p.184 にワープしてください。

問題 **2.07** A、B、C、D、E の5個の中から2個を選ぶときの選び方は何通りあるでしょうか。

この選び方の個数を $_5C_2$ と書きます。$_5C_2$ を実際に求めてみましょう。

A、B、C、D、E の5個の中から2個を選んだときの選び方を書き上げると、

AB	BC	CD	DE
AC	BD	CE	
AD	BE		
AE			

と10通りになります。計算で求めるには、こうします。

まず、

$$\square\square$$

に文字を並べる並べ方が何通りかを数えます。

左の□には、A～Eの5通りのうち、どれかが入ります。仮にAを入れることにしましょう。

$$A\square$$

次に、右の□に文字を入れましょう。これはB～Eの4通りがあります。文字の並べ方は、$5 \times 4 = 20$ 通りだけあります。

ただし、この20通りの並べ方のなかでは、

$$AB、BA$$

　順序は無視する┈┈┈┈┈┈┈┈┈┈┈┈┈┈ 順序も考える

というように、同じ選び方と見なす並べ方が、選び方1通りに対して2通りずつあります。よって、A、B、C、D、E の5個の中から2個を選ぶときの選び方は、

$$\frac{5 \times 4}{2} = 10(通り)$$

となります。書き上げて求めた個数と同じになりました。

$$_5C_2 = \frac{5 \times 4}{2} = 10(個)$$

と計算できたわけです。

　次に、A、B、C、D、E の 5 個の中から 3 個を選ぶときの選び方の個数、$_5C_3$ についても計算で求めてみましょう。

　まず、

$$\square\square\square$$

の中に文字を並べる並べ方が何通りあるかを数えます。左端の□に 5 通りの文字をおくことができます。真ん中の□には左端に置いた文字以外の 4 通りの文字をおくことができます。右端の□には左と真ん中に置いた文字以外の 3 通りの文字をおくことができます。つまり、□に文字を並べる並べ方は、$5 \times 4 \times 3 = 60$（通り）あります。

　だたし、この 60 通りの並べ方の中には、

$$\begin{array}{ccc} ADE & DAE & EAD \\ AED & DEA & EDA \end{array} \quad \text{A, D, E を選んで並べた並べ方}$$

というように、同じ選び方と見なす並べ方が、選び方 1 通りに対して 6 通りずつあります。

　この 6 通りを計算で求めるには、こうします。

　左端には A、D、E の 3 文字から選べるので 3 通り、真ん中には左端に用いた文字以外の 2 文字から選ぶので 2 通り、右端には残りの文字を並べますから、□□□に A、D、E を並べる並べ方は、

$$3 \times 2 \times 1 = 6(通り)$$

と求まります。

　選び方の 1 通りに対して、6 通りずつの並べ方があるので、60 通りの並べ方は、選び方の個数の 6 倍になっています。したがって、選び方の個数は、

$$_5C_3 = \frac{5 \times 4 \times 3}{3 \times 2 \times 1} = \frac{60}{6} = 10$$

と求まります。

　同様にして、以下のように計算できます。

　7 個の文字から 3 個の文字を選ぶ選び方の個数は、

$$_7C_3 = \frac{7 \times 6 \times 5}{3 \times 2 \times 1} = 35$$

　9 個の文字から 4 個の文字を選ぶ選び方の個数は、

$$_9C_4 = \frac{9 \times 8 \times 7 \times 6}{4 \times 3 \times 2 \times 1} = 126$$

という調子です。

　上で、$_5C_2 = 10$、$_5C_3 = 10$ と同じ値になりましたが、これは偶然ではありません。5 個の文字から 2 個の文字を選ぶということは、3 個の文字を選ばないということですから、5 個の文字から選ばない 3 個の文字を決める決め方に等しいのです。これは、5 個の文字から 3 個の文字を選ぶ選び方と同じ個数になります。

　選んだ 2 文字と選ばない 3 文字の様子を書けば理解してもらえるでしょう。

AB － CDE	BC － ADE	CD － ABE	DE － ABC
AC － BDE	BD － ACE	CE － ABD	
AD － BCE	BE － ACD		
AE － BCD			

これと同じようにして、

$$_9C_3 = {}_9C_6 \quad 、\quad _{10}C_4 = {}_{10}C_6$$

などがいえます。

ここまでのコンビネーションの性質をまとめておきましょう。

コンビネーション C

$_nC_k = $ "異なる n 個のものから k 個のものを選ぶ選び方"

（計算の仕方）

$$_nC_k = \frac{n \cdot (n-1) \cdots (n-k+1)}{k(k-1) \cdots \cdots 1}$$

n から下へ向かって k 個の数をとり、それらを掛ける

1 から k までの k 個の数を掛ける

(ア) $_nC_0 = 1, \, _nC_n = 1$　　(イ) $_nC_k = {}_nC_{n-k}$

コンビネーションは上のように掛け算と割り算で計算することができました。コンビネーションを求めるには、次のような足し算を用いる方法もあります。

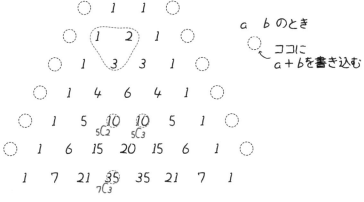

上の数表をご覧ください。一番上の段に 1、1 を並べて描いておきます。

2 段目からは、左上の数と右上の数の和を描きこんでいきます。数字の書いていない ⋮ のところは 0 だと思うとよいでしょう。

　2 段目は、1 と 1 の間に 1 ＋ 1 の答えを描きこみます。その両側には、0 と 1 の和である 1 を描きこみます。

　3 段目は、1 と 2 の間に 1 ＋ 2 ＝ 3（ ⋮ で囲んだところ）……、と描きこんでいきます。実は、ここにはコンビネーションで計算した数がすべて出てくるのです。

　$_5C_2 = 10$、$_5C_3 = 10$、$_7C_3 = 35$ などが、たしかに見つかりますね。

　ここに表れた数が、何のコンビネーションになっているかを明かすと、次の表のようになります。

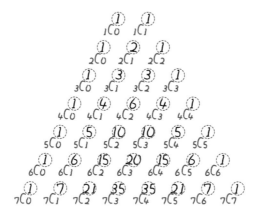

　このような三角形の数表を**パスカルの三角形**と呼びます。

　なぜ、掛け算と割り算で計算したコンビネーションの値が、足し算だけで計算できるのか、不思議に思うかもしれません。正規分布の感覚的理解に結び付くと思われますから、そのからくりを少し説明しておきましょう。

　パスカルの三角形から一度離れて、次のような道順の問題を考えてみましょう。

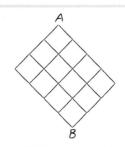

問題 **2.08** 右図のような街路で、左下へ向かう道か右下へ向かう道かを選んで A から B へ行くとき、道順は何通りありますか。

この道順を 2 通りの方法で求めてみましょう。

まずは、コンビネーションを用いる解法を紹介しましょう。

左下に向かう道を L、右下に向かう道を R とし、A から B へ向かう道順を L と R を並べて表すことにします。

例えば、下図であれば、それぞれ、

$$\text{LRLRLRR} \qquad \text{RRLLRLR}$$

となります。

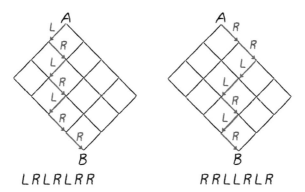

これを観察して分かることは、どちらも L 3 個、R 4 個の順列（並び）になっていることです。A から B への道順を表す順列は、いつでも L 3 個、R 4 個になります。

　逆に、L 3 個、R 4 個の順列を勝手に作ってみましょう。例えば、LRRLRLR という順列を作ります。これに対して、下図のように道順を対応させることができます。

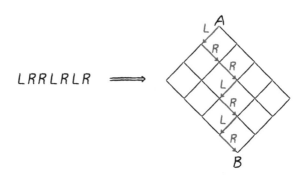

　このように、A から B へ行く道順と、L 3 個、R 4 個を並べた順列は 1 対 1 に対応しています。ということは、道順の総数と順列の総数は等しくなるわけです。

道順の総数 ＝ 順列の総数

　道順の個数を数え上げる代わりに、順列の個数を数え上げましょう。そこで、あらためて問題を立てます。

　L 3 個、R 4 個を並べた順列は何個あるでしょうか。

　これを計算するためには、下のような皿を 7 個用意しておきます。

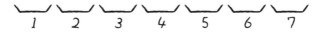

　このうち、3 個選んで L を置くことにします。残りの皿に R を置けば、L 3 個、R 4 個を並べた順列を作ることができますね。

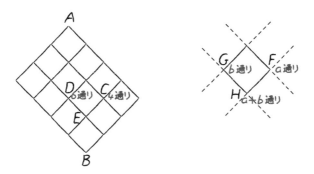

つまり、求める順列の総数は、7個の皿から3個の皿を選ぶ選び方に等しいわけです。7個のものから3個のものを選ぶ選び方は、$_7C_3$ 通りでしたね。これを計算して、順列の総数は、

$$_7C_3 = \frac{7 \times 6 \times 5}{3 \times 2 \times 1} = 35（通り）$$

です。順列の総数と道順の総数が等しいので、道順の総数も 35 通りです。

次に、書き込み方式と呼ばれる解法を紹介しましょう。

下左図をご覧ください。A から C までの道順が4通り、A から D までの道順が6通りであったとすると、E までの道順は何通りになりますか。

E へ行くためには、C から行くか、D から行くかの2種類があります。A から E まで行く道順は、C 経由のものと D 経由のものがあるわけです。つまり、

> （AからEまでの道順の総数）
>
> 　＝（AからCまでの道順の総数）＋（AからDまでの道順の総数）

が成り立っています。

　C経由の道順が4通り、D経由の道順が6通りですから、AからEまで行く道順は、和をとって、4＋6＝10(通り)となります。

　この例から分かるように、前頁右図で、ある地点(H)に至る道順の総数は、その右上の地点(F)へ至る道順の総数(a通り)とその左上の地点(G)へ至る道順の総数(b通り)の和($a＋b$通り)になります。

　ですから、AからBまでの道順の総数を求めるには、各地点ごとに、Aからその地点に至るまでの道順の総数を街路の上の方から順に書き込んでいけばよいのです。

　これを実行すると下左図のようになります。

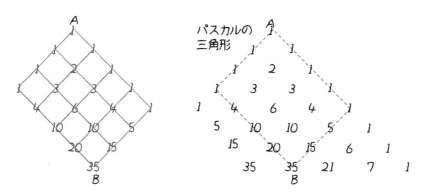

　AからBへ行く道順の総数が35通りと求まりました。

　さあ、ここでパスカルの三角形の作り方を思い出してもらいましょう。数と数の間にその和を書き込んで作っていたのでしたね。これは、ちょうど街路の道順の総数を求めるときの書き込み方式と同じ計算をしているわ

けです。前頁の左図を見たあと、右図に目を転じると、右図では街路がな
くなっただけで同じ数が並んでいることが確認できます。これは、数の書
き込み方が同じであるから当然ですね。

　一方、AからBへ行く道順の総数は、コンビネーションを用いて表す
ことができましたから、パスカルの三角形はコンビネーションに表れる数
からできていることが分かりました。

2-2 | 5回投げたコインのうち、3回が表である確率
── 二項分布の確率

二項分布をモデルを用いて理解しよう。

さて、準備が整ったところで、次の問題を解いてみましょう。

問題 **2.09**

(1) サイコロを 1 回投げたとき 3 の倍数が出る確率を求めなさい。

(2) サイコロを 5 回投げたとき、初めの 2 回は 3 の倍数が出て、あとの 3 回は 3 の倍数が出ない確率を求めなさい。

(3) サイコロを 5 回投げたとき、5 回中 2 回だけ 3 の倍数が出る確率を求めなさい。

---

(1) 6 個のサイコロの目のうち、3 の倍数は 3、6 の 2 個です。

したがって、求める確率は、

$$\frac{2}{6} = \frac{1}{3}$$

(2) サイコロを投げて 3 の倍数でない目(1、2、4、5)が出る確率は、

$$\frac{4}{6} = \frac{2}{3}$$

です。これは、3 の倍数である確率を全確率から引いて

$$1 - \frac{1}{3} = \frac{2}{3}$$

としても構いません。

2回連続で3の倍数が出て、そのあと3の倍数でない目が出る確率は、

$$\frac{1}{3} \times \frac{1}{3} \times \frac{2}{3} \times \frac{2}{3} \times \frac{2}{3} = \left(\frac{1}{3}\right)^2 \left(\frac{2}{3}\right)^3$$

(3) 3の倍数の目が出ることを○、3の倍数でない目が出ることを×とします。5回のうち2回が○で、3回が×である目の出方を書き上げると、

○○×××　　○×××○　　×○××○　　×××○○

○×○××　　×○○××　　★×××○○×

○××○×　　×○×○×　　××○×○

と10個の目の出方のパターンがあります。この10個は、5回のうちどの2回で○が出るのかと考えて、$_5C_2 = 10$ と計算することができます。

例えば、★のように目が出る確率は、

$$\frac{2}{3} \times \frac{2}{3} \times \frac{1}{3} \times \frac{1}{3} \times \frac{2}{3} = \left(\frac{1}{3}\right)^2 \left(\frac{2}{3}\right)^3$$

他のどの目の出方でも、○が2回、×が3回なので、それが起こる確率はこれと同じです。

目の出方は10個あるので、求める確率は、$\left(\frac{1}{3}\right)^2 \left(\frac{2}{3}\right)^3$ を10倍します。この10は、$_5C_2 = 10$ と求めることができますから、サイコロを5回投げたとき、3の倍数が出ることが2回起こる確率は、

$$_5C_2 \left(\frac{1}{3}\right)^2 \left(\frac{2}{3}\right)^3$$

とまとめることができます。

サイコロを5回投げたとき、3の倍数が出る回数が0回、1回、3回、4回、5回の場合も同様に計算することができます。

これらを表にまとめると、次のようになります。

3の倍数が出る回数	0	1	2
計算式	$_5C_0\left(\dfrac{1}{3}\right)^0\left(\dfrac{2}{3}\right)^5$	$_5C_1\left(\dfrac{1}{3}\right)^1\left(\dfrac{2}{3}\right)^4$	$_5C_2\left(\dfrac{1}{3}\right)^2\left(\dfrac{2}{3}\right)^3$
確率	$\dfrac{32}{243}$	$\dfrac{80}{243}$	$\dfrac{80}{243}$

$a^0 = 1$

3	4	5
$_5C_3\left(\dfrac{1}{3}\right)^3\left(\dfrac{2}{3}\right)^2$	$_5C_4\left(\dfrac{1}{3}\right)^4\left(\dfrac{2}{3}\right)^1$	$_5C_5\left(\dfrac{1}{3}\right)^5\left(\dfrac{2}{3}\right)^0$
$\dfrac{40}{243}$	$\dfrac{10}{243}$	$\dfrac{1}{243}$

すべての確率を足すと、

$$\frac{32}{243}+\frac{80}{243}+\frac{80}{243}+\frac{40}{243}+\frac{10}{243}+\frac{1}{243}=1$$

ちゃんと1になりますね。

これが二項分布の例になっています。

これを抽象的にまとめるとこうなります。

サイコロを振って3の倍数が出る　→　Aが起こる

3の倍数の目が出る確率　　　　　→　Aが起こる確率　　　P

3の倍数でない目が出る確率　　　→　Aが起こらない確率 $1-P$

5回　　　　　　　　　　　　　　→　n 回

2回(3の倍数が出る回数)　　　　→　ℓ 回

と置き換えて書きましょう。

┌─ 二項分布 ─────────────────────────────────────┐

1回の試行で A が起こる確率を p とする。

このとき A が起こらない確率は $1-p$ になります。

n 回の試行のうち、A の起こる確率が k 回である確率は、

$$_n\mathrm{C}_k\, p^k (1-p)^{n-k}$$

となります。

A の起こる回数を確率変数 X とすれば、

$$P(X=k) = {}_n\mathrm{C}_k\, p^k (1-p)^{n-k}$$

確率分布の表を書くと、

X	0	$\cdots$	k	$\cdots$	n
P	$_n\mathrm{C}_0\, p^0 (1-p)^n$ $\ \|\|$ $(1-p)^n$	$\cdots$	$_n\mathrm{C}_k\, p^k (1-p)^{n-k}$	$\cdots$	$_n\mathrm{C}_n\, p^n (1-p)^0$ $\ \|\|$ p^n

└──┘

となります。

このような確率分布を二項分布といい、$Bin(n,\ p)$ と表します。Bin は、2 を表す "Binary" が由来です。

2-3 ｜ 二項分布の平均、分散は簡単に 計算できる！
── 二項分布の平均と分散

具体的な例を用いて、二項分布の平均、分散を求めてみましょう。

さっそく問題です。

問題 **2.10**　確率変数 X が二項分布 $Bin\left(3, \dfrac{1}{3}\right)$ に従うとき、$E(X)$、$V(X)$ を求めてください。

計算をする前に、平均を予想してみましょう。

二項分布 $Bin\left(3, \dfrac{1}{3}\right)$ は、1 回の試行で A が起こる確率が $\dfrac{1}{3}$ のもとで、3 回の試行をするとき、A が起こる回数を確率変数 X とおいた確率分布のことです。3 回中に平均で何回 A が起こると思いますか。起こる確率が $\dfrac{1}{3}$ なので、A が起こる回数は平均で、

$$3 \times \frac{1}{3} = 1$$

じゃないの？　はい、そのとおりです。分散の方は、ちょっと予想がつきません。実際に計算してみましょう。

確率分布の表は次の通りです。

3の倍数が 出る回数	0	1	2	3
P	$_3C_0\left(\dfrac{1}{3}\right)^0\left(\dfrac{2}{3}\right)^3$ $\parallel$ $\dfrac{8}{27}$	$_3C_1\left(\dfrac{1}{3}\right)^1\left(\dfrac{2}{3}\right)^2$ $\parallel$ $\dfrac{12}{27}$	$_3C_2\left(\dfrac{1}{3}\right)^2\left(\dfrac{2}{3}\right)^1$ $\parallel$ $\dfrac{6}{27}$	$_3C_3\left(\dfrac{1}{3}\right)^3\left(\dfrac{2}{3}\right)^0$ $\parallel$ $\dfrac{1}{27}$

　これから平均を計算すると、

$$0 \cdot \frac{8}{27} + 1 \cdot \frac{12}{27} + 2 \cdot \frac{6}{27} + 3 \cdot \frac{1}{27} = 1$$

　分散を計算すると、

$$(0-1)^2 \cdot \frac{8}{27} + (1-1)^2 \cdot \frac{12}{27} + (2-1)^2 \cdot \frac{6}{27} + (3-1)^2 \cdot \frac{1}{27} = \frac{2}{3}$$

となります。

　実は、X が二項分布 $Bin(n,\ p)$ に従うとき、平均・分散は、

$$E(X) = np, \quad V(X) = np(1-p)$$

となります。

　上の例では、$n = 3$、$p = \dfrac{1}{3}$ ですから、

$$E(X) = np = 3 \cdot \frac{1}{3} = 1,\ V(X) = np(1-p) = 3 \cdot \frac{1}{3}\left(1 - \frac{1}{3}\right) = \frac{2}{3}$$

です。たしかに定義式通りに計算した結果と一致しています。

　なぜ上の公式が成り立つのかを、$Bin(4,\ p)$ の場合で説明してみましょう。$Bin(4,\ p)$ の平均、分散が $4p$、$4p(1-p)$ になることを確かめてみましょう。

　$Bin(4,\ p)$ は、1回の試行で A が起こる確率が p のもとで、4回の試行を行なうときに A が起こる回数を確率変数 X と定めた確率分布です。

　ここで、X 以外に確率変数を用意します。4回の試行を行なうとしたもとでの話です。

　1回目の試行で A が起こる回数を確率変数 X_1 と定めます。1回目の試行で A が起こる回数は0回と1回しかありません。確率変数 X_1 の分布を表

にすると、

X_1	0	1
P	$1-p$	p

となります。

　X_1 の平均、分散を計算しておきましょう。

$$E(X_1) = 0 \cdot (1-p) + 1 \cdot p = p$$
$$\begin{aligned} V(X_1) &= (0-p)^2 \cdot (1-p) + (1-p)^2 \cdot p \\ &= p^2(1-p) + (1-p)^2 p \\ &= p(1-p)\{p + (1-p)\} \\ &= p(1-p) \end{aligned}$$

となります。

　同様に、2 回目の試行で A が起こる回数を確率変数 X_2、…と定めます。

　さて、こうして定めた X_1、X_2、X_3、X_4 と X の間には、

$$X = X_1 + X_2 + X_3 + X_4$$

という関係があります。具体的に確かめてみましょう。

　1 回目と 3 回目に A が起こり、2 回目と 4 回目には A が起こらないとします。すると、4 回中 A が起こる回数は 2 回です。ですから $X = 2$ となります。一方、右辺の方は、

$$\begin{aligned} & X_1 + X_2 + X_3 + X_4 \\ &= 1 + 0 + 1 + 0 = 2 \end{aligned}$$

となり、2 に等しくなります。たしかに上の式は成り立っています。

　この式の右辺は、A が起こる回数を試行ごとにカウントしていき、和をとっているので、全体で A の起こる回数に等しくなるのです。

ここで、平均 $E(X)$ の性質を用いると、

$$E(X) = E(X_1 + X_2 + X_3 + X_4) \quad\quad\quad (\text{p.165 参照})$$
$$= E(X_1) + E(X_2) + E(X_3) + E(X_4)$$
$$= p + p + p + p$$
$$= 4p$$

分散 $V(X)$ の性質を用います。X_1、X_2、X_3、X_4 は独立なので、$E(X)$ のときのように $V(X)$ を分解できます。

$$V(X) = V(X_1 + X_2 + X_3 + X_4)$$
$$= V(X_1) + V(X_2) + V(X_3) + V(X_4)$$
$$= p(1-p) + p(1-p) + p(1-p) + p(1-p)$$
$$= 4p(1-p)$$

4 回の試行の場合で確かめましたが、n の場合でも同様です。

UNIT 2

2-4 二項分布の極限が正規分布だ！
—— ラプラスの定理

二項分布の試行回数を多くしていくと、正規分布に近づいていくことを確かめよう。

　1章で紹介したゴルトンボードの仕組みを、二項分布を用いて解析していきましょう。

問題 **2.11**　次のようなパチンコ台があります。パチンコ玉は釘に当たると、右に $\frac{1}{2}$、左に $\frac{1}{2}$ の確率で進み、次の釘に当たって落ちていきます。Aからパチンコ玉を落とすとき、Bにパチンコ玉が入る確率を求めてみましょう。

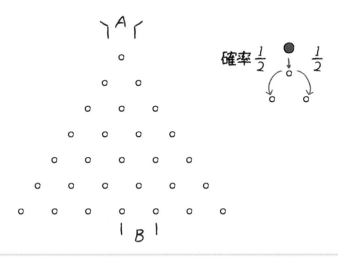

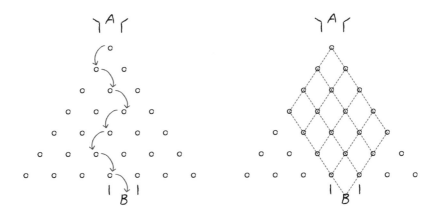

　パチンコ玉の通り道を描くと、上左図のようになります。AからBへ、図のアカい線のような道順で進む確率を求めてみましょう。

　道順が7本の釘に当たっています。釘に当たるごとに $\frac{1}{2}$ の確率で一方の道が選ばれるのですから、アカい線のような道順で進む確率は、7回釘に当たっているので、

$$\left(\frac{1}{2}\right)^7$$

　AからBへ至る道順は、いずれも7回釘に当たり、それらは $_7C_4$ 通りあるので、パチンコ玉がBへ入る確率は、

$$_7C_4\left(\frac{1}{2}\right)^7$$

です。

　この確率は二項分布を用いて説明することができます。

　AからBへ進む道順は、いずれも、左に3回、右に4回進みます。左、右の順序はいろいろとありますが、計7回進みます。

　7回の試行のうちで、右に進むのが4回です。左に進む確率は $\frac{1}{2}$ です。

これは二項分布 $Bin(n, p)$ で、$n = 7$、$k = 4$、$p = \dfrac{1}{2}$ のときと考えられます。

このとき、

$$P(X = 4) = {}_7C_4\left(\frac{1}{2}\right)^4\left(\frac{1}{2}\right)^{7-4} = {}_7C_4\left(\frac{1}{2}\right)^7$$

$$P(X = k) = {}_nC_k\, p^k(1-p)^{n-k}$$

他のところに入る確率も同様に考えることができますね。パチンコ台の下に次のように数字を振ります。

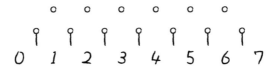

すると、玉が $k(k = 0, 1, 2, 3, 4, 5, 6, 7)$ のところに入る確率は、

$$P(X = k) = {}_7C_k\left(\frac{1}{2}\right)^7$$

つまり、パチンコ台の k に玉が入る確率は $p = \dfrac{1}{2}$ のときの二項分布のモデルになっているんですね。

$n = 7$ のときの確率をすべて書くと次のようになります。

$\dfrac{{}_7C_0}{2^7}$	$\dfrac{{}_7C_1}{2^7}$	$\dfrac{{}_7C_2}{2^7}$	$\dfrac{{}_7C_3}{2^7}$	$\dfrac{{}_7C_4}{2^7}$	$\dfrac{{}_7C_5}{2^7}$	$\dfrac{{}_7C_6}{2^7}$	$\dfrac{{}_7C_7}{2^7}$
$\\|$	$\\|$	$\\|$	$\\|$	$\\|$	$\\|$	$\\|$	$\\|$
$\dfrac{1}{128}$	$\dfrac{7}{128}$	$\dfrac{21}{128}$	$\dfrac{35}{128}$	$\dfrac{35}{128}$	$\dfrac{21}{128}$	$\dfrac{7}{128}$	$\dfrac{1}{128}$

ということは、パチンコ台の A から 128 個のパチンコ玉を落とすと、パチンコ台の下には、およそ図のように玉が貯まるわけです。

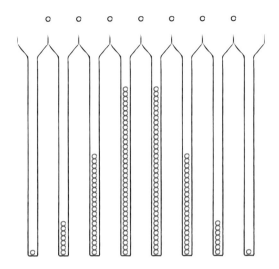

　上の例では、7段でしたが、段数を多くしていくと、図のようになります。このときパチンコ玉の高さをつなげた曲線は正規分布の曲線に近づいていくことが知られています。

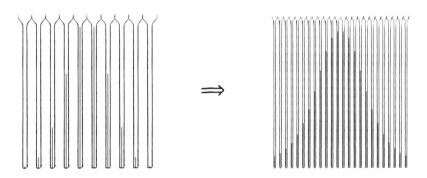

　このモデルは、正規分布を具体的にイメージしようとするときにとても役立ちます。

　ぼくは正規分布のグラフを見ると、漠然と次の図のようなイメージを持つことにしています。

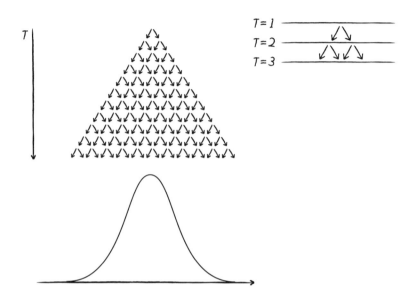

T軸が時間の流れです。その時の流れに従って、ある点がその瞬間瞬間に右か左かを選択していきます。そしてどこに行きつくかを確率的に表したものが正規分布なのです。

相対度数分布グラフからも正規分布のグラフに近づく様子を見てみましょう。

二項分布の相対度数分布グラフを描いてみましょう。

二項分布$Bin\left(10, \dfrac{1}{2}\right)$の相対度数分布グラフ

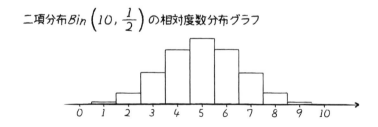

二項分布 $Bin\left(20, \dfrac{1}{2}\right)$ の相対度数分布グラフ

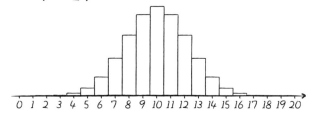

二項分布 $Bin\left(30, \dfrac{1}{2}\right)$ の相対度数分布グラフ

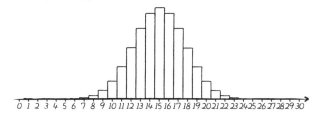

$Bin\left(10, \dfrac{1}{2}\right)$、$Bin\left(20, \dfrac{1}{2}\right)$、$Bin\left(30, \dfrac{1}{2}\right)$ と試行回数 n が大きくなるにしたがって、正規分布のグラフに近づいていくのが分かりますね。

実は、p の値は $\dfrac{1}{2}$ でなくとも構いません。p の値がいくつであっても、n の値を大きくしていくと、二項分布 $Bin(n, p)$ は正規分布に近づいていきます。$p = \dfrac{1}{2}$ のときが、前のパチンコ台での例だったのです。

$p = \dfrac{1}{6}$ のとき、n が大きくなっていく様子を表すと、次のようになります。やはり、正規分布に近づいていきます。

二項分布 $Bin\left(10, \dfrac{1}{6}\right)$ の相対度数分布グラフ

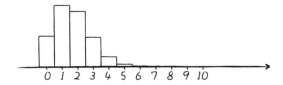

二項分布 $Bin\left(30, \dfrac{1}{6}\right)$ の相対度数分布グラフ

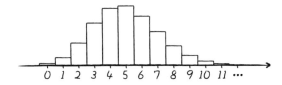

二項分布 $Bin\left(50, \dfrac{1}{6}\right)$ の相対度数分布グラフ

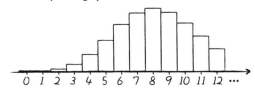

正確にいうとこうなります。

X が二項分布 $Bin(n, p)$ に従うものとします。

> n が大きいとき、
>
> $$\frac{X - np}{\sqrt{np(1-p)}} \text{ は } N(0, 1^2) \text{に従うと見なせる。}$$

np は二項分布の平均、$np(1-p)$ は二項分布の分散でした。

$\sqrt{np(1-p)}$ は二項分布の標準偏差です。

確率変数 X が二項分布に従うとき、X を標準化（平均を引いて、標準偏差で割る）したものが、$\dfrac{X - np}{\sqrt{np(1-p)}}$ なのです。この二項分布に従う X を標準化した確率変数は、n を大きくしていくと、標準正規分布 $N(0, 1^2)$ に近づいていくのです。

これは、言葉でまとめれば、

> 二項分布の試行回数を無限大にすると正規分布になる

ということです。もっと標語的にまとめれば、

正規分布は二項分布の極限

なのです。

この定理のことを、**ラプラスの定理**といい、母比率の検定・推定や適合度検定に応用されています。

3　検定の応用

3-1 ｜ 既知・未知に気をつけて検定しよう
——母平均・母分散の検定

標本から母平均や母分散の予想について判定しよう。

○ 推測統計の枠組み

1章で検定のおおよその原理と解釈の仕方を紹介しました。この2章では、数ある検定の型のそれぞれについて、検定統計量とそれが従う確率分布を明示して解説していきます。

検定の型の紹介に入る前に、**推測統計学**（inferential statistics）の枠組みについてもう一度おさらいしておきます。

推測統計学には、大きく分けて検定と推定の2つがあります。

商品の抜き取り検査のように一部から全体の状態(この場合は、基準を満たしているかいないか）を判断するのが検定、選挙の出口調査のように一部から全体の数値(この場合は支持率)を予測するのが推定です。

特性を調べたいと思っているデータ全体(上の例では、商品全体、有権者全体)を**母集団**（population）といいます。

母集団に含まれる個体のすべてについてデータを取ることを**全数調査（悉皆調査）**（complete survey）といいます。全数調査ができればそれに越したことはありません。しかし、全数調査をするには、多大な費用が掛かる場合(例: 国勢調査)、そもそも不可能な場合(例: 商品の抜き取り調査)

があります。このような場合は母集団から一部を取り出して調査すること
になります。取り出した一部のことを**標本（sample）**、このような調査を
標本調査（sample survey）といいます。

　推測統計学の基本となっている考え方は、母集団から取り出した個体の
変量を確率変数と見なすことです。新薬開発や品種改良における差の検
定、工場における工程の検定などでは、母集団のサイズを特定することは
できませんが、標本は母集団から取り出したものであると解釈して検定の
枠組みに嵌めていきます。

　母集団から取り出した個体の変量を確率変数 X とおくと、X の確率分
布は母集団の相対度数の分布に等しくなります。このことは 1 章の p.55
で具体例を挙げて説明しました。

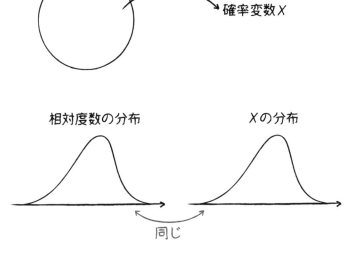

　取り出す標本（サイズ n）の変量を確率変数 X_1、X_2、…、X_n とします。
実際に取り出した標本の具体的な値が x_1、x_2、…、x_n であるとすると、
$X_1 = x_1$、$X_2 = x_2$、…、$X_n = x_n$ となる確率を考えて、検定・推定をして

いくのです。

　1 章では確率変数を導入しないで検定・推定を説明することにしたので、ここのところを正確に述べることはできませんでした。1 章では、標本の変量 x_i を用いて確率について述べていますが、変量 x_i を確率変数 X_i に置き換えると正確な表現になります。

　$p.75$ の囲みのまとめは次のようでした。

┌─ 標本平均が従う分布 ─────────────────────────┐

　平均 μ、標準偏差 σ（分散 σ^2）の正規分布 $N(\mu, \sigma^2)$ に従うデータ A から n 個の個体を取り出し、変量 x_1、x_2、$\cdots$、x_n の平均

$$\frac{x_1 + x_2 + \cdots + x_n}{n}$$ を記録することを繰り返してデータ C を作る。

すると、データ C は、

　　平均 μ、標準偏差 $\dfrac{\sigma}{\sqrt{n}}$ の正規分布 $N\left(\mu, \dfrac{\sigma^2}{n}\right)$ に従う。

└────────────────────────────────────┘

これと同じ内容を、確率変数を用いて正確にいい直すと、

┌─ 標本平均が従う分布 ─────────────────────────┐

　平均 μ、標準偏差 σ（分散 σ^2）の正規分布 $N(\mu, \sigma^2)$ に従うデータ A から取り出した標本（サイズ n）の変量を確率変数 X_1、X_2、$\cdots$、X_n とすると、

　　確率変数 $\dfrac{X_1 + X_2 + \cdots + X_n}{n}$（標本平均）は、

　　平均 μ、標準偏差 $\dfrac{\sigma}{\sqrt{n}}$ の正規分布 $N\left(\mu, \dfrac{\sigma^2}{n}\right)$ に従う。

└────────────────────────────────────┘

　細かいことをいうと、母集団のサイズが小さいとき、X_1、X_2、$\cdots$、X_n は独立ではなく、少し誤魔化しがありますが、このまま進めます。気になる人はコラム「復元抽出と非復元抽出」(p.242)を読んでください。

　標本平均が出てきたので、標本の平均・分散について整理しておきます。

　母集団の平均・分散を母平均、母分散と呼び、1 章で紹介した式で計算しました。

　母集団のデータが x_1、x_2、$\cdots$、x_n であれば、母平均 μ、母分散 σ^2 は、

$$\mu = \frac{x_1 + x_2 + \cdots + x_n}{n}$$

$$\sigma^2 = \frac{(x_1 - \mu)^2 + (x_2 - \mu)^2 + \cdots + (x_n - \mu)^2}{n}$$

と表されます。

　標本の方にも平行に話が進むといいのですが、そうはいきません。

　標本の変量を確率変数 X_1、X_2、$\cdots$、X_n とおくとき、標本平均 $\overline{X}$、標本分散 S^2、不偏分散 U^2 を次のように定めます。

$$\overline{X} = \frac{X_1 + X_2 + \cdots + X_n}{n}$$

$$S^2 = \frac{(X_1 - \overline{X})^2 + (X_2 - \overline{X})^2 + \cdots + (X_n - \overline{X})^2}{n}$$

$$U^2 = \frac{(X_1 - \overline{X})^2 + (X_2 - \overline{X})^2 + \cdots + (X_n - \overline{X})^2}{n - 1}$$

　標本の分散の定義は本により異なります。

　n で割った方(S^2) は無視して、$n - 1$ で割った方(U^2) だけをとり上げ、こちらを標本分散と定義する立場もあります。また、$n - 1$ で割った方(U^2) を不偏標本分散と呼ぶ場合もあります。

　洋書では、S^2 を無視し、U^2 の方を標本分散(sample variance)とする場

合が多いです。日本統計学会が主催する統計検定では、問題文に不偏分散の用語を用いています。

　用語に頼って覚えるよりも、どういう場合に $n-1$ で割るのかを覚えた方がよいでしょう。検定・推定で分散を絡めた検定統計量を作るとき、平均として μ ではなく $\overline{X}$ を用いる場合は $n-1$ で割ると覚えておくとよいでしょう。

　なぜ、標本の場合に n でなくて $n-1$ で割る分散が必要になってくるのか気になりますが、しっかり説明するには数式を追いかけなくてはいけません。興味がある人はコラム「自由度」を読んでください。実用上は、n が 30 以上であれば、n で割ろうが $n-1$ で割ろうが大した違いはありません。

○ 検定の枠組みの復習

　1 章で、基本的な検定の考え方を紹介しました。

　統計学における検定の手順を確認しておきましょう。

検定の手順

（ステップ 1）　帰無仮説 H_0、対立仮説 H_1 を立てる。

（ステップ 2）　帰無仮説 H_0 が正しいとして、標本の検定統計量

$$T\left(X や \frac{\overline{X}-\mu}{\frac{\sigma}{\sqrt{n}}} のこと\right) を計算する。$$

（ステップ 3）　ステップ 2 で得られた値が、統計量 T が従う分布で棄却域にあるか否かを判定する。

　　棄却域にある　→　帰無仮説 H_0 は棄却される。
　　　　　　　　　　　対立仮説 H_1 が採択される。

　　棄却域にない　→　帰無仮説 H_0 は採択される。

　1章の4節2項で、母平均・母分散の検定について、それぞれ条件の与えられ方で場合分けをして、次の4パターンの検定があることに言及しました。

母平均の検定

　標本 x_1、x_2、…、x_n（サイズ n）が与えられたとき、母平均 μ を検定する。

　・母分散 σ^2 が既知のとき

　・母分散 σ^2 が未知のとき

母分散の検定

　標本 x_1、x_2、…、x_n（サイズ n）が与えられたとき、母分散 σ^2 を検定する。

　・母平均 μ が既知のとき

　・母平均 μ が未知のとき

　この節では、これらの検定について問題を解きながら解説します。検定統計量が従う確率分布としては、正規分布の他に t 分布、χ^2 分布が出てきます。t 分布、χ^2 分布には自由度と呼ばれるパラメータがあります。問題を解く上では、問題の設定から自由度を決めることがポイントとなります。

　手順がピンとこない人は、1章の p.89 の設問をもう一度解いてから次を読むと加速度がついてすらすらと読めると思います。

　それでは、さっそく検定を始めてみましょう。

○母分散 σ^2 が既知のとき、母平均 μ に関して検定する

問題 **2.12**　ある会社では、63mm の規格のねじを製造しています。5 個のサンプルを取り出して長さを測ったところ、次のような値を得ました。

$$64 \quad 61 \quad 63 \quad 65 \quad 67$$

このねじの工程で 63mm の規格が守られているでしょうか。製品の平均が 63mm であることを有意水準 5% で検定してください。ただし、標準偏差は $\sigma = 3$(mm) と与えられているものとします。

ねじの長さの分布は正規分布で与えられているものと仮定します。この正規分布の母平均を μ、標準偏差を σ とします。いま、$\sigma = 3$ です。

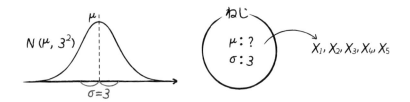

ステップ 1　母平均 μ が、規格の 63mm であるとして検定しましょう。

つまり、

帰無仮説 $H_0 : \mu = 63$

対立仮説 $H_1 : \mu \neq 63$

とします。

(ステップ2) 正規分布 $N(\mu, \sigma^2)$ に従う母集団から、n 個の標本を取り出し、その変量を $X_1, \cdots, X_n$ とし、これらの平均を $\overline{X}$ とします。

このとき、

「統計量 $T = \dfrac{\overline{X} - \mu}{\dfrac{\sigma}{\sqrt{n}}}$ は、標準正規分布 $N(0, 1^2)$ に従う」

という事実を用います。ここでは、$n = 5$ です。

標本平均は、

$$\overline{X} = \frac{X_1 + X_2 + X_3 + X_4 + X_5}{5} = \frac{64 + 61 + 63 + 65 + 67}{5} = 64$$

です。これと $\mu = 63$、$\sigma = 3$、$n = 5$ を代入して T の値を求めると、

$$T = \frac{\overline{X} - \mu}{\dfrac{\sigma}{\sqrt{n}}} = \frac{64 - 63}{\dfrac{3}{\sqrt{5}}} \fallingdotseq 0.745$$

です。

(ステップ3) T が従う標準正規分布は、下の図のようでした。

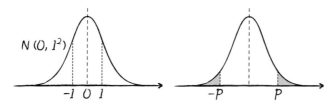

ここで、棄却域の設定をしましょう。

対立仮説 H_1 が $\mu \neq 63$ ですから、対立仮説が採択されるときは、μ が 63 よりすごく小さい場合もあれば、μ が 63 よりすごく大きい場合もあるでしょう。

μ がすごく小さいとき、T の式で μ にマイナスがついていますから、T はすごく大きくなります。μ がすごく大きいとき、T はすごく小さくなります。

ですから、棄却域は、下右図のように5%を振り分けて2.5%ずつ両側にとることにします。いわゆる両側検定です。

このときのpの値は、標準正規分布表から、

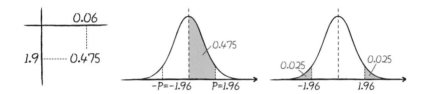

$p = 1.96$となります。Tの値0.745は、1.96以上でも$-$1.96以下でもありません。棄却域のなかに含まれないので、帰無仮説$H0$は棄却されません。採択されます。

「この工程でねじが 63mm で作られていないとはいえない」

ということが統計的に分かりました。

この問題ではσが与えられていましたが、σが与えられない場合はどう検定すればよいでしょうか。

○母分散 σ^2 が未知のとき、母平均 μ に関して検定する

問題 **2.13**　ある会社では、63mm の規格のねじを製造しています。5 個のサンプルを取り出して長さを測ったところ、次のような値を得ました。

$$64 \quad 61 \quad 63 \quad 65 \quad 67$$

このねじの工程で 63mm の規格が守られているでしょうか。製品の平均が 63mm であることを有意水準 5%で検定してください。

　今度は、σ の値が与えられていないところだけが前問との違いです。サンプルの数字も同じにしてあります。σ の値は分かりませんが、ねじの長さの分布は正規分布で与えられているものと仮定します。

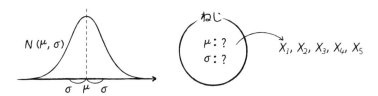

（ステップ 1）　母平均 μ が、規格の 63mm であるとして検定しましょう。

　つまり、

　　　帰無仮説 $H_0：\mu = 63$
　　　対立仮説 $H_1：\mu \neq 63$

（ステップ 2）　正規分布 $N(\mu、\sigma^2)$ に従う母集団から、5個の標本を取り出し、その変量を X_1, X_2, X_3, X_4, X_5 とし、これらの平均を $\overline{X}$ とします。

　今度は σ が使えません。そこで、分散 σ^2 の代わりに不偏分散 U^2 を用います。ここら辺の事情は、「σ が未知のときの推定」の場合と同じです。

　　「統計量 $T = \dfrac{\overline{X} - \mu}{\dfrac{U}{\sqrt{n}}}$ は、自由度 $n - 1$ の t 分布に従う」

（n には 5 を書き込むメモあり）

という事実を用います。

　さあ、ここで初めて検定統計量として t 分布を用いる検定が出てきました。t 分布の形は次頁のように正規分布に似ています。巻末の表を読めば、確率を知ることができます。

　標本平均は、$\overline{X} = 64$ です。

不偏分散は、

$$U^2 = \frac{(X_1 - \overline{X})^2 + (X_2 - \overline{X})^2 + (X_3 - \overline{X})^2 + (X_4 - \overline{X})^2 + (X_5 - \overline{X})^2}{5 - 1}$$

$$= \frac{(64 - 64)^2 + (61 - 64)^2 + (63 - 64)^2 + (65 - 64)^2 + (67 - 64)^2}{5 - 1}$$

$$= \frac{0 + 9 + 1 + 1 + 9}{4} = 5$$

$$U = \sqrt{5} \fallingdotseq 2.236$$

です。これと $\mu = 63$、$n = 5$ を代入して T の値を求めると、

$$T = \frac{\overline{X} - \mu}{\dfrac{U}{\sqrt{n}}} = \frac{64 - 63}{\dfrac{\sqrt{5}}{\sqrt{5}}} = 1$$

です。

ステップ 3　T が従う自由度 4 の t 分布は、下の図のようになります。

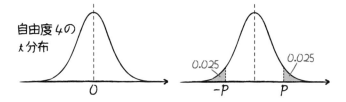

対立仮説 H_1 が $\mu \neq 63$ ですから、前問と同じように両側検定を用います。

棄却域は、上右図のように 5% を振り分けて 2.5% ずつ両側にとることにします。

このときの p の値は、t 分布の表から、

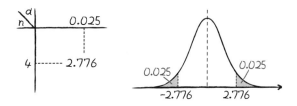

$p = 2.776$ となります。T の値 1 は、2.776 以上でも $-$ 2.776 以下でもありません。棄却域の中に含まれないので、帰無仮説 H_0 は棄却されません。採択されます。

「この工程でねじが 63mm で作られていないとはいえない」

ということが統計的に分かりました。

次に、σ の検定をしてみましょう。

○母平均 μ が既知のとき、母分散 σ^2 に関して検定する

問題 **2.14** ある会社では、63mm の規格のねじを製造しています。5 個のサンプルを取り出して長さを測ったところ、次のような値を得ました。

$$64 \quad 61 \quad 63 \quad 65 \quad 67$$

製品のばらつきを抑えるために、工場主は標準偏差 $\sigma = 3$（mm）で製作していると考えています。この σ の値を有意水準 5% で検定してください。

ねじの長さの分布は、正規分布で与えられているものとします。母平均を μ、母分散を σ^2 とします。

$\boxed{\text{ステップ1}}$ 母集団の標準偏差 σ が、3mm であるとして検定しましょう。

帰無仮説 $H_0：\sigma = 3$

対立仮説 $H_1：\sigma \neq 3$

$\boxed{\text{ステップ2}}$ 正規分布 $N(\mu, \sigma^2)$ に従う母集団から、5個の標本を取り出し、その変量を X_1、X_2、X_3、X_4、X_5 とします。

この検定には、

「統計量 $T = \dfrac{(X_1 - \mu)^2 + (X_2 - \mu)^2 + \cdots + (X_n - \mu)^2}{\sigma^2}$ は、

自由度 n の χ^2 分布に従う」

という事実を用います。

$\mu = 63$、$\sigma = 3$、$n = 5$、X_1、X_2、X_3、X_4、X_5 が、64、61、63、65、67 であるとして T の値を計算すると、

$$T = \frac{(X_1 - \mu)^2 + (X_2 - \mu)^2 + (X_3 - \mu)^2 + (X_4 - \mu)^2 + (X_5 - \mu)^2}{\sigma^2}$$

$$= \frac{(64 - 63)^2 + (61 - 63)^2 + (63 - 63)^2 + (65 - 63)^2 + (67 - 63)^2}{3^2}$$

$$= \frac{1 + 4 + 0 + 4 + 16}{9} = \frac{25}{9} \fallingdotseq 2.78$$

$\boxed{\text{ステップ3}}$ T が従う自由度5の χ^2 分布は、下の図のようになります。

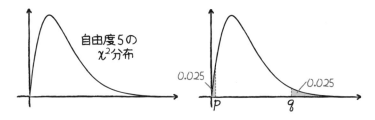

対立仮説 H_1 が $\sigma \neq 3$ ですから、σ が3よりすごく小さい場合もあれば、

σ が 3 よりすごく大きい場合もありえます。

　σ がすごく小さいとき、T の式で σ は分母に来ていますから、T はすごく大きくなります。一方、σ がすごく大きいとき、T はすごく小さくなります。

　ですから、棄却域は、上右図のように 5% を振り分けて 2.5% ずつ両側にとることにします。両側検定です。

　このときの p、q の値は、χ^2 分布の表から、

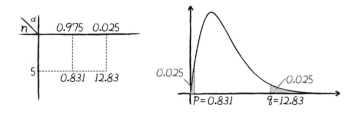

$p = 0.831$、$q = 12.83$ となります。T の値 2.78 は、12.83 以上でも 0.831 以下でもありません。棄却域の中に含まれないので、帰無仮説 H_0 は棄却されません。採択されます。

「この工程で $\sigma = 3$ で作られていないとはいえない」

ということが統計的に分かりました。

　今度は μ が未知のとき、σ を検定してみましょう。

○母平均 μ が未知のとき、母分散 σ^2 に関して検定する

[問題] **2.15** ある会社では、ねじを製造しています。5 個のサンプルを取り出して長さを測ったところ、次のような値を得ました。

64　　61　　63　　65　　67

　製品のばらつきを抑えるために、工場主は標準偏差 $\sigma = 3$（mm）で製作していると考えています。この σ の値を有意水準 5% で検定してください。

　今度は、μ の値が分かりません。しかし、ねじの長さの分布は正規分布に従うものとします。

（ステップ 1）　母集団の標準偏差 σ が、3mm であるとして検定しましょう。

　　帰無仮説 $H_0 : \sigma = 3$

　　対立仮説 $H_1 : \sigma \neq 3$

（ステップ 2）　正規分布 $N(\mu,\ \sigma^2)$ に従う母集団から、5 個の標本を取り出し、その変量を X_1、X_2、X_3、X_4、X_5 とします。

　前の問題では統計量の式に μ が出てきましたが、今度は μ が未知なので同じ統計量は使えません。前の統計量の μ の代わりに $\bar{X}$ を用います。

$$\frac{(X_1 - \mu)^2 + (X_2 - \mu)^2 + \cdots + (X_n - \mu)^2}{\sigma^2} \quad \rightarrow \quad \frac{(X_1 - \bar{X})^2 + (X_2 - \bar{X})^2 + \cdots + (X_n - \bar{X})^2}{\sigma^2}$$

　こうして作った統計量には、

　　「統計量 $T = \dfrac{(X_1 - \bar{X})^2 + (X_2 - \bar{X})^2 + \cdots + (X_n - \bar{X})^2}{\sigma^2}$ は、
　　　　　　　自由度 $n - 1$ の χ^2 分布に従う」

という事実があります。

　　$\sigma = 3$、$\bar{X} = 64$、X_1、X_2、X_3、X_4、X_5 が、64、61、63、65、67

であるとして T の値を計算すると、

$$T = \frac{(X_1 - \overline{X})^2 + (X_2 - \overline{X})^2 + (X_3 - \overline{X})^2 + (X_4 - \overline{X})^2 + (X_5 - \overline{X})^2}{\sigma^2}$$

$$= \frac{(64 - 64)^2 + (61 - 64)^2 + (63 - 64)^2 + (65 - 64)^2 + (67 - 64)^2}{3^2}$$

$$= \frac{0 + 9 + 1 + 1 + 9}{9} = \frac{20}{9} \fallingdotseq 2.22$$

ステップ3 T が従う自由度 4 の χ^2 分布は、下図のようです。

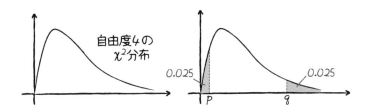

対立仮説 H_1 が $\sigma \neq 3$ ですから、両側検定を用いると、棄却域は上右図のように 5% を振り分けて 2.5% ずつ両側にとることにします。

このときの p、q の値は、χ^2 分布の表から、

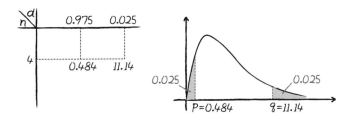

$p = 0.484$、$q = 11.14$ となります。

T の値 2.22 は、11.14 以上でも 0.484 以下でもありません。棄却域のなかに含まれないので、帰無仮説 H_0 は棄却されません。採択されます。

「この工程で $\sigma = 3$ で作られていないとはいえない」

ということが統計的に分かりました。

UNIT 3

3-2 ｜ 2つの母集団の母平均・母分散は等しいか
—— 2つの母集団に関する検定

2つの母集団があったとき、それらの母平均、母分散が等しいか否か を判定するにはどうしたらよいでしょうか。

　1章で、2群の母平均の差の検定、等分散検定について紹介しました。 この節ではこれらについて、検定統計量の作り方とそれが従う分布につい て解説します。

○ 母平均の差の検定

独立 2 群の差の検定

　$N(\mu_X, \sigma_X^2)$ に従う母集団 A、$N(\mu_Y, \sigma_Y^2)$ に従う母集団 B があり、

　　A から標本 X_1、X_2、$\cdots$、X_m(サイズ m)

　　B から標本 Y_1、Y_2、$\cdots$、Y_n(サイズ n)

を取り、

　　$H_0 : \mu_X = \mu_Y$　　　　　　$H_1 : \mu_X \neq \mu_Y$

を検定する。

（ア）σ_X^2、σ_Y^2 が既知のとき

（イ）σ_X^2、σ_Y^2 は未知であるが、$\sigma_X^2 = \sigma_Y^2$ のとき

（ウ）σ_X^2、σ_Y^2 が未知のとき（ウェルチ（Welch）の検定）

　（ア）、（イ）に関して問題を解いてみます。（ウ）は検定統計量の作り方、 自由度の計算の仕方が煩雑なので本書では扱いません。ただ、（ウ）が一番 自然な設定であり実用性は高いでしょう。

○（ア）母分散σ_X^2、σ_Y^2が既知のとき、$\mu_X = \mu_Y$を検定する

次の問題では標本の具体的な値を与えずに、標本平均だけを与えています。その方が計算が簡単で説明しやすいので、そうしています。

問題 **2.16**　分散 20 の正規分布に従う母集団 A から 5 個の標本を取り出すと、その標本平均は 52 でした。また、分散 30 の正規分布に従う母集団 B から 6 個の標本を取り出すと、その標本平均は 45 でした。2 つの母集団の平均には差があるかを検定してください。

母集団 A が正規分布 $N(\mu_X,\ \sigma_X^2)$、母集団 B が正規分布 $N(\mu_Y,\ \sigma_Y^2)$ に従うものとします。$\sigma_X^2 = 20$、$\sigma_Y^2 = 30$ と分かっていますが、こうおいておきます。標本のサイズも $m = 5$、$n = 6$ とおいておきましょう。

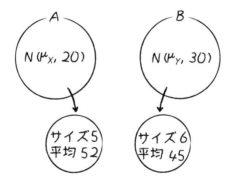

ステップ 1　母平均が等しいものと仮定します。帰無仮説は $\mu_X = \mu_Y$ です。平均点が異なっている場合、μ_X が大きい場合もあるでしょうし、μ_Y が大きい場合もあるでしょう。対立仮説は、$\mu_X \neq \mu_Y$ です。両側検定になります。

　　　　帰無仮説 $H_0 : \mu_X = \mu_Y$
　　　　対立仮説 $H_1 : \mu_X \neq \mu_Y$

ステップ 2　正規分布 $N(\mu_X,\ \sigma_X^2)$ に従う母集団 A から取り出した m 個の標本を X_1、$\cdots$、X_m として、その標本平均を $\overline{X}$ とします。すると、$\overline{X}$ は、

正規分布 $N\left(\mu_X,\ \dfrac{\sigma_X^2}{m}\right)$ に従います。

同様に、正規分布 $N(\mu_Y,\ \sigma_Y^2)$ に従う母集団 B から取り出した n 個の標本を Y_1、$\cdots$、Y_n すると、その標本平均 $\overline{Y}$ は、

正規分布 $N\left(\mu_Y,\ \dfrac{\sigma_Y^2}{n}\right)$ に従います。

ここで、確率変数 $\overline{X}-\overline{Y}$ がどんな分布に従うかを考えてみましょう。

$\overline{X}$ も $\overline{Y}$ も正規分布に従いましたから、正規分布の再生性(p.70) により、$\overline{X}-\overline{Y}$ も正規分布に従います。

$$E(\overline{X}-\overline{Y}) = E(\overline{X}+(-1)\overline{Y}) = E(\overline{X})+E((-1)\overline{Y})$$
$$= E(\overline{X})+(-1)E(\overline{Y}) = E(\overline{X})-E(\overline{Y}) = \mu_X-\mu_Y$$
$$V(\overline{X}-\overline{Y}) = V(\overline{X}+(-1)\overline{Y}) = V(\overline{X})+V((-1)\overline{Y})$$
$$= V(\overline{X})+(-1)^2 V(\overline{Y}) = V(\overline{X})+V(\overline{Y}) = \frac{\sigma_X^2}{m}+\frac{\sigma_Y^2}{n}$$

したがって、$\overline{X}-\overline{Y}$ は正規分布 $N\left(\mu_X-\mu_Y,\ \dfrac{\sigma_X^2}{m}+\dfrac{\sigma_Y^2}{n}\right)$ に従います。

ですから、検定統計量として、$\overline{X}-\overline{Y}$ を標準化(平均を引いて、標準偏差で割る)した

$$T = \frac{\overline{X}-\overline{Y}-(\mu_X-\mu_Y)}{\sqrt{\dfrac{\sigma_X^2}{m}+\dfrac{\sigma_Y^2}{n}}}$$

を用います。T は標準正規分布 $N(0,\ 1^2)$ に従います。

帰無仮説のもとで具体的な値を代入してみましょう。

帰無仮説より、$\mu_X = \mu_Y$ すなわち $\mu_X - \mu_Y = 0$

問題の条件から、$m = 5$、$n = 6$、$\sigma_X^2 = 20$、$\sigma_Y^2 = 30$、$\overline{X} = 52$、$\overline{Y} = 45$ です。

$$T = \frac{\overline{X} - \overline{Y} - (\mu_X - \mu_Y)}{\sqrt{\dfrac{\sigma_X^2}{m} + \dfrac{\sigma_Y^2}{n}}} = \frac{52 - 45 - 0}{\sqrt{\dfrac{20}{5} + \dfrac{30}{6}}} = \frac{7}{3} = 2.33$$

（ステップ3） T が従う標準正規分布は下図のようでした。有意水準5%のとき、5%を2.5%ずつ左右に振り分けて、棄却域は 1.96 以上と -1.96 以下です。

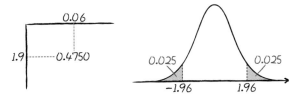

T の値 2.33 は、1.96 以上ですから棄却域の中に含まれています。帰無仮説 H_0 は棄却されて、対立仮説 H_1 が採択されます。

「母集団 A と母集団 B の平均には差がある」

ということが統計的に分かりました。

　この問題では、母分散の値が分かっているという条件のもとで、母平均が等しいか否かを検定しました。次に、母分散の値が分かっていない場合の"等平均検定"を紹介しましょう。ただ、2つの母分散について何も分かっていないというわけではないのです。これから紹介する"等平均検定"には、それぞれの母分散の値は分からないのだけれども、2つの母分散が等しいということは分かっているという条件が必要です。

○ **(イ) 母分散 σ_x^2、σ_y^2 は未知、$\sigma_X^2 = \sigma_Y^2$ のもとで、$\mu_X = \mu_Y$ を検定する**

σ_X^2 と σ_Y^2 が等しいと見なせるとき、$\mu_X = \mu_Y$ であることを検定しましょう。

次の問題では、2 群の平均と分散が与えられています。検定を意識していない人が集計する場合、分散はデータのサイズ n で割って計算していることでしょう。つまり、標本であっても不偏分散で計算せずに、標本分散を知ることになります。そこで、次の問題では分散を標本分散で与えてみました。

[問題] **2.17** ある生徒の 1 学期と 2 学期の計算テストの結果は次の表のようでした。

学期	受験回数	標本平均	標本分散
1	8	65	80
2	10	72	125

この生徒の平均点は上がったといえるでしょうか。有意水準 5% で検定してください。ただし、1 学期、2 学期の成績を、それぞれ $N(\mu_X,\ \sigma_X^2)$、$N(\mu_Y,\ \sigma_Y^2)$ からの標本と捉え、$\sigma_X^2 = \sigma_Y^2$ であるとして考えなさい。

前の問題と同じように母集団を捉えます。

1 学期中に何百回もテストを受けたと仮定して、その結果のデータを母集団 A とします。実際には、何百回もテストを受けることは不可能ですが、多くのデータをとることができるものと仮定して母集団を考えます。実際にはありえませんから、いわば、架空の母集団です。このなかからサイズ 8 の標本を取った結果が上の表であると捉えることで、統計の理論を適用していきます。この母集団 A の分布は $N(\mu_X,\ \sigma_X^2)$ に従うものとします。

　同じように、２学期の試験の母集団 B の分布は $N(\mu_Y, \sigma_Y^2)$ に従うものとします。

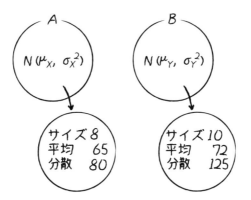

　$\sigma_X^2 = \sigma_Y^2$ を仮定して話を進めます。

　前の問題の統計検定量は、

$$T = \frac{\overline{X} - \overline{Y} - (\mu_X - \mu_Y)}{\sqrt{\dfrac{\sigma_X^2}{m} + \dfrac{\sigma_Y^2}{n}}}$$

でした。母分散 σ^2 が分かっているとすれば、母分散が等しい仮定と合わせて、$\sigma_X^2 = \sigma_Y^2 = \sigma^2$ です。

　ですから、検定統計量は、

$$\frac{\overline{X} - \overline{Y} - (\mu_X - \mu_Y)}{\sqrt{\dfrac{\sigma_X^2}{m} + \dfrac{\sigma_Y^2}{n}}} = \frac{\overline{X} - \overline{Y} - (\mu_X - \mu_Y)}{\sqrt{\left(\dfrac{1}{m} + \dfrac{1}{n}\right)\sigma^2}}$$

を用いることになります。しかし、分散の値は分かりませんから、不偏分散に似たもので代用することにします。それは、

$$U_{XY}{}^2 = \frac{(X_1 - \overline{X})^2 + \cdots + (X_m - \overline{X})^2 + (Y_1 - \overline{Y})^2 + \cdots + (Y_n - \overline{Y})^2}{m + n - 2}$$

です。検定統計量として、

$$T = \frac{\overline{X} - \overline{Y} - (\mu_X - \mu_Y)}{\sqrt{\left(\dfrac{1}{m} + \dfrac{1}{n}\right) U_{XY}{}^2}}$$

を用います。

（ステップ 1）　母平均が等しいものとします。平均点は上がっていて、点数は上がったかと聞かれているので、母平均が小さくなることは初めから除いて考えてよいでしょう。対立仮説は、$\mu_X < \mu_Y$ とします。

　　　　帰無仮説 $H_0 : \mu_X = \mu_Y$
　　　　対立仮説 $H_1 : \mu_X < \mu_Y$

（ステップ 2）　この検定では、次のような統計量とその分布を用います。

「正規分布 $N(\mu_X,\ \sigma_X{}^2)$ に従う母集団 A と、$N(\mu_Y,\ \sigma_Y{}^2)$ に従う母集団 B がある。

　母集団 A から取り出した m 個の標本を X_1、X_2、$\cdots$、X_m
　母集団 B から取り出した n 個の標本を Y_1、Y_2、$\cdots$、Y_n
とし、これらに対して、

$$U_{XY}{}^2 = \frac{(X_1 - \overline{X})^2 + \cdots + (X_m - \overline{X})^2 + (Y_1 - \overline{Y})^2 + \cdots + (Y_n - \overline{Y})^2}{m + n - 2}$$

とする。$\mu_X - \mu_Y = 0$ の仮定のもとで、統計量

$$T = \frac{\overline{X} - \overline{Y}}{\sqrt{\left(\dfrac{1}{m} + \dfrac{1}{n}\right) U_{XY}{}^2}}$$ は、自由度 $(m + n - 2)$ の t 分布に従う」

　この問題では、$m = 8$、$n = 10$、$S_X^2 = 80$、$S_Y^2 = 125$ になっています。U_{XY}^2 を求めるには工夫を要します。S_X^2、S_Y^2 の2つから U_{XY}^2 を求めてみましょう。標本分散が、

$$S_X^2 = \frac{(X_1 - \overline{X})^2 + (X_2 - \overline{X})^2 + \cdots + (X_m - \overline{X})^2}{m}$$

$$S_Y^2 = \frac{(Y_1 - \overline{Y})^2 + (Y_2 - \overline{Y})^2 + \cdots + (Y_n - \overline{Y})^2}{n}$$

であることより、

$$(X_1 - \overline{X})^2 + (X_2 - \overline{X})^2 + \cdots + (X_m - \overline{X})^2 = m S_X^2$$
$$(Y_1 - \overline{Y})^2 + (Y_2 - \overline{Y})^2 + \cdots + (Y_n - \overline{Y})^2 = n S_Y^2$$

これを用いて、

$$U_{XY}^2 = \frac{(X_1 - \overline{X})^2 + \cdots + (X_m - \overline{X})^2 + (Y_1 - \overline{Y})^2 + \cdots + (Y_n - \overline{Y})^2}{m + n - 2}$$

$$= \frac{mS_X^2 + nS_Y^2}{m + n - 2} = \frac{8 \cdot 80 + 10 \cdot 125}{8 + 10 - 2} = 118.125$$

よって、表から、$\overline{X} = 65$、$\overline{Y} = 72$ であり、

$$T = \frac{\overline{X} - \overline{Y}}{\sqrt{\left(\frac{1}{m} + \frac{1}{n}\right)U_{XY}^2}} = \frac{65 - 72}{\sqrt{\left(\frac{1}{8} + \frac{1}{10}\right) \cdot 118.125}} \fallingdotseq -1.36$$

⟨ステップ 3⟩ T が従う自由度 $8 + 10 - 2 = 16$ の t 分布は、下の図のようになります。

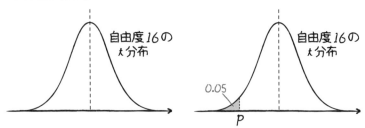

$\overline{X}$ は μ_X の近くに、$\overline{Y}$ は μ_Y の近くにあることが多く起こると考えると、対立仮説 $H_1 : \mu_X < \mu_Y$ のときは、帰無仮説 $H_0 : \mu_X = \mu_Y$ のときに比べて、T の値が小さくなる傾向にあります。μ_X に対して、μ_Y が大きければ大きいほど、T の値は小さくなります。そこで、棄却域は次の図のように左側 5%にとることにします。

このときの p の値は、t 分布の表から、

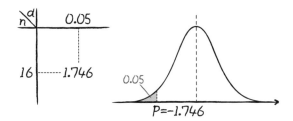

$p = -1.746$ となります。

T の値 -1.35 は、-1.746 以下ではありません。棄却域にないので H_0 は棄却されません。H_0 は採択されます。

「この生徒の計算テストの平均点は上がったとはいえない」

ということが統計的に分かりました。

　2つの母集団の分散が等しいと仮定して上のような検定の結果を得ました。分散が等しいと仮定できないときはどうしたらよいでしょうか。

　$\sigma_X^2 = \sigma_Y^2$ と見なせるか否かにかかわらず、平均が等しいかを検定することができるものとしてウェルチの検定が知られています。これについては名前を紹介するだけに留めましょう。

○ 対応のある 2 群の差の検定

　上までは独立2群の差の検定で、2つの標本の平均から、標本を取り出した2つの母集団の平均に差があるかを統計的に判断する検定でした。

　次に紹介する検定は、組になっている2つの変量について差があるかを統計的に判断する検定です。例えば、ダイエット前と後の体重を比べて、ダイエットに効果があったのかを判断する検定です。

対応のある 2 群の差の検定

　対応のある標本 $(x_1,\ y_1)$、$(x_2,\ y_2)$、$\cdots$、$(x_n,\ y_n)$ について、変量 x と変量 y に差があるかを検定する。差の変量を $d = x - y$ とし、正規分布 $N(\mu,\ \sigma_d^2)$ に従うものとする。

$$H_0 : \mu = 0 \qquad\qquad H_1 : \mu \neq 0$$

を検定する。

　（ア）σ_d^2 が既知のとき

　（イ）σ_d^2 が未知のとき

　具体的な問題を通して確認してみます。

問題 **2.18**　対応のある 2 群の検定

5 人がダイエット法を試しました。ダイエットの効果があるかを有意水準 5% で検定してください。

before	62	83	55	64	75	
after	55	77	52	61	74	(kg)

まず、before と after の差 d をとります。

before	62	83	55	64	75	
after	55	77	52	61	74	
d	7	6	3	3	1	(kg)

差の確率変数が従う母集団が $N(\mu, \sigma^2)$ であるとします。σ^2 は未知ですから（イ）の場合です。

ステップ 1　帰無仮説 H_0、対立仮説 H_1 は、

$$H_0 : \mu = 0 \qquad\qquad H_1 : \mu \neq 0$$

ステップ 2　5 つの標本の変量を確率変数 X_1、X_2、$\cdots$、X_5 とし、U_2 を不偏分散とします。σ^2 が未知なので t 分布を用います。

$$「統計量 \; T = \frac{\overline{X} - \mu}{\dfrac{U}{\sqrt{n}}} \; は、自由度 \; n - 1 \; の \; t \; 分布に従う」$$

という事実を使います。

標本平均は、

$$\bar{X} = \frac{7+6+3+3+1}{5} = 4$$

不偏分散は、

$$U^2 = \frac{(7-4)^2 + (6-4)^2 + (3-4)^2 + (3-4)^2 + (1-4)^2}{5-1}$$

$$= \frac{9+4+1+1+9}{4} = 6$$

$H_0 : \mu = 0$ のもとで、検定統計量を計算します。

$$T = \frac{\bar{X} - \mu}{\dfrac{U}{\sqrt{n}}} = \frac{4-0}{\dfrac{6}{\sqrt{5}}} = 1.49$$

（ステップ 3）　T が従う自由度 4 の t 分布は下図のようになります。

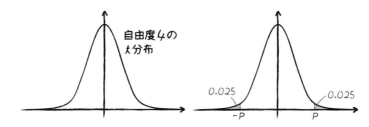

対立仮説 H_1 が $\mu \neq 0$ ですから、両側検定を用います。

棄却域は、上右図のように 5% を振り分けて、2.5% ずつ両側にとります。

このとき p の値は、t 分布の表から 2.776 です。

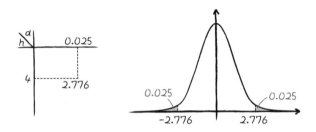

　統計量 $T = 1.49$ は $- 2.776$ 以下でも 2.776 以上でもありません。棄却域の中に入りませんから、帰無仮説 H_0 は棄却されません。すなわち、統計的には、

「ダイエットに効果がある」

とはいえません。

○等分散検定

　2群の平均の差の検定に対して、2群の分散が等しいか否かを統計的に判断する検定があります。

等分散検定

　$N(\mu_X,\ \sigma_X^2)$に従う母集団 A、$N(\mu_Y,\ \sigma_Y^2)$に従う母集団 B があり、

　　A から標本 X_1、X_2、$\cdots$、X_m(サイズ m)

　　B から標本 Y_1、Y_2、$\cdots$、Y_n(サイズ n)

を取り、

　　$H_0 : \sigma_X^2 = \sigma_Y^2$　　　　　　$H_1 : \sigma_X^2 \neq \sigma_Y^2$

を検定する。

　（ア）μ_X、μ_Y が既知のとき

　（イ）μ_X、μ_Y は未知のとき

　ここでは、

　　　（イ）母平均 μ_X、　μ_Y が未知のとき $\sigma_X{}^2 = \sigma_Y{}^2$ を検定する

の場合を説明します。分散の検定では、分散の比から検定統計量を作ります。

問題 **2.19**　A、Bの2クラスで100点満点のテストを行ないました。A
の受験者数は8人で点数の標本分散は21、Bの受験者数は9人で点数
の標本分散は32でした。A、Bの2つの組の得点のバラつき（標準偏
差）に差があるといえるでしょうか。標準偏差が等しいことを有意水
準5%で検定してください。

　A、Bの標本のサイズをそれぞれ $m = 8$、$n = 9$、標本分散を $S_X{}^2 = 21$、
$S_Y{}^2 = 32$ とします。

　Aの生徒たちが何回も繰り返しテストを受けたと仮定したときのデータ
を母集団としています。本当は、そう何回もテストばかり受けていること
はありえないのですが、統計学に乗せるためにそう都合のいい仮定をして
いるのです。

　母集団 A の分布は、正規分布 $N(\mu_X, \sigma_X{}^2)$ に従うとします。今回のAの
テストの結果は、そのなかからサイズが8のサンプルを取ったものである
と考えます。

　Bのテストの結果も、$N(\mu_Y, \sigma_Y{}^2)$ に従う母集団 B のなかからサイズが
9のサンプルを取ったものであると考えます。

ステップ 1　　母分散が等しいとして検定しましょう。

帰無仮説　$H_0 : \sigma_X^2 = \sigma_Y^2$

対立仮説　$H_1 : \sigma_X^2 \neq \sigma_Y^2$

ステップ 2　　検定には以下の事実を用います。

「正規分布 $N(\mu_X,\ \sigma_X^2)$ に従う母集団 A と、$N(\mu_Y,\ \sigma_Y^2)$ に従う母集団 B がある。ここで、$\sigma_X^2 = \sigma_Y^2$ であるとする。

母集団 A から取り出した m 個の標本を X_1、X_2、$\cdots$、X_m

母集団 B から取り出した n 個の標本を Y_1、Y_2、$\cdots$、Y_n

とする。このとき、

$$統計量\ T = \frac{U_X^2}{U_Y^2}\ は、自由度(m-1,\ n-1)の\ F\ 分布に従う。$$

ここで、U_X^2、U_Y^2 は不偏分散である」

さあ、F 分布という新しい分布が出てきました。

F 分布は、2 つの数値を自由度としています。この 2 つの数値を具体的な値に定めると、F 分布のグラフの形がかっちりと決まるのです。

この場合、F 分布の計算に必要なのは不偏分散です。問題で与えられているのは標本分散ですから、これを不偏分散に直しておきましょう。

A から取り出した方の標本分散と不偏分散は、

$$S_X^2 = \frac{(X_1 - \overline{X})^2 + (X_2 - \overline{X})^2 + \cdots + (X_8 - \overline{X})^2}{8}$$

$$U_X^2 = \frac{(X_1 - \overline{X})^2 + (X_2 - \overline{X})^2 + \cdots + (X_8 - \overline{X})^2}{8 - 1}$$

と計算しますから、$7U_X^2 = 8S_X^2$ より、

$$U_X^2 = \frac{8}{7} S_X^2 = \frac{8}{7} \cdot 21 = 24$$

B から取り出した方の標本分散と不偏分散も同様に、

$$S_Y^2 = \frac{(Y_1 - \overline{Y})^2 + (Y_2 - \overline{Y})^2 + \cdots + (Y_9 - \overline{Y})^2}{9}$$

$$U_Y^2 = \frac{(Y_1 - \overline{Y})^2 + (Y_2 - \overline{Y})^2 + \cdots + (Y_9 - \overline{Y})^2}{9 - 1}$$

と計算しますから、$8U_Y^2 = 9S_Y^2$ より、

$$U_Y^2 = \frac{9}{8} S_Y^2 = \frac{9}{8} \cdot 32 = 36$$

これに基づいて、統計量を計算すると、

$$T = \frac{U_X^2}{U_Y^2} = \frac{24}{36} \fallingdotseq 0.67$$

ステップ 3　$m = 8$、$n = 9$ ですから、T は自由度 $(m - 1, \ n - 1) =$ (7, 8) の F 分布に従います。この分布は下図のようになります。

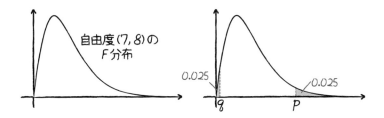

対立仮説 H_1 が $\sigma_X^2 \neq \sigma_Y^2$ ですから、両側検定を用いると、棄却域は上右図のように 5% を振り分けて 2.5% ずつ両側にとることにします。

このときの p は、F 分布の表（p.337）から、

$p = 4.53$ となります。

　q の値を求めるには、表の値をそのまま読めばよいということはありません。アカい部分の面積が 0.975 であるときの表は作られていません。q の値を求めるには、

自由度$(m,\ n)$ の F 分布の面積 α のときの p

自由度$(n,\ m)$ の F 分布の面積 $1 - \alpha$ のときの q

の間には、

$$q = \frac{1}{p}$$

が成り立つ。

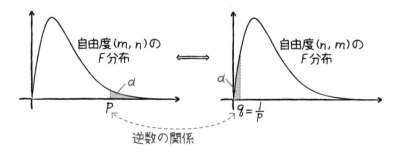

を用います。この公式は、統計量 T の逆数をとった統計量は自由度を入れ替えたものに等しいという事実からなんとなく分かっていただきたいと

思っています。

　q の値を求めるには、$\alpha = 0.025$ のときの自由度 $(8,\ 7)$ の F 分布の p の値を表から求めます。

F分布の2.5パーセント点の表

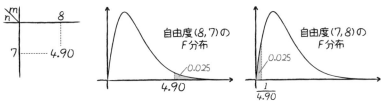

　$p = 4.90$ となります。

　q の値はこれの逆数をとって、$q = \dfrac{1}{p} = \dfrac{1}{4.90} = 0.204$

　T の値 0.67 は、4.53 以上でも、0.204 以下でもありません。棄却域にないので H_0 は棄却されません。H_0 は採択されます。

UNIT 3

3-3 | 母比率を検定しよう
―― 適合度・独立性の検定

母集団における比率が正しいか否かを検定しましょう。

さて、ここまでは母平均、母分散に関する検定を行なってきました。検定するものはこれだけではありません。

○ 適合度検定

これは推定のところで紹介した " 母比率の推定 " に対応する検定です。母集団の比率を仮定して、標本の比率がそれに見合ったものであるか否かによって検定します。

問題 **2.20**　サイコロを 90 回振ったところ、出た目の回数は次の表のようでした。

目	1	2	3	4	5	6
出現回数	13	12	17	18	16	14

このとき、このサイコロは正しい、つまりサイコロの各目の出る確率は 6 分の 1 であるといえるでしょうか。有意水準 5% で検定してください。

ステップ 1　サイコロの i の目が出る確率を p_i とします。

帰無仮説 $H_0 : p_1 = p_2 = p_3 = p_4 = p_5 = p_6 = \dfrac{1}{6}$

対立仮説は特に立てません。帰無仮説が成り立たないときです。

ステップ2 この検定では、統計量として

$$T = \frac{(\text{実現値}-\text{理論値})^2}{\text{理論値}} \text{ の総和}$$

を用います。

　実現値とは、実際に出たサイコロの目の回数のことで、理論値とは、サイコロの各目が出る確率は等しく6分の1であるとしたときの、各目の出現回数のことで、$90 \div 6 = 15$(回)となります。

　一度に表にまとめると、

目	1	2	3	4	5	6
実現回数	13	12	17	18	16	14
確率	$\frac{1}{6}$	$\frac{1}{6}$	$\frac{1}{6}$	$\frac{1}{6}$	$\frac{1}{6}$	$\frac{1}{6}$
理論回数	15	15	15	15	15	15

です。

　これをもとに統計量を計算すると、

$$T = \frac{(13-15)^2}{15} + \frac{(12-15)^2}{15} + \frac{(17-15)^2}{15} + \frac{(18-15)^2}{15} + \frac{(16-15)^2}{15} + \frac{(14-15)^2}{15}$$

$$= \frac{4+9+4+9+1+1}{15} = \frac{28}{15} \fallingdotseq 1.87$$

　ここで、

「全体が n 個に分類されるとき、n 個の実現値と n 個の理論値から作られる、

$$T = \frac{(\text{実現値}-\text{理論値})^2}{\text{理論値}} \text{ の総和}$$

は、自由度 $n - 1$ の χ^2 分布に近似的に従う」

という事実を用います。

　ここでは、$n = 6$ なので、統計量は自由度 $n - 1 = 6 - 1 = 5$ の χ^2 分布に従います。

(ステップ3)　T は実現値と理論値の差の大きさを測る指標です。実現値が理論値から外れる度合いが多いほど、T の値が大きくなります。T の値が 0 に近ければ H_0 は採択され、0 と離れた値であれば H_0 は棄却されます。ですから、この検定は右側検定になります。

　自由度 5 の χ^2 分布は次のようになるので、

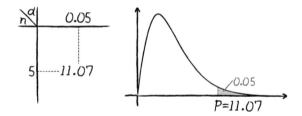

$p = 11.07$ となります。

　$T = 1.87$ は $p = 11.07$ より小さいので、帰無仮説 H_0 は棄却されません。採択されます。ですから、

「このサイコロは正しくないとはいえない」

という結論が得られました。

　適合度検定の原理となる事実を抽象的にまとめておくと次のようになります。

┌─ 適合度検定の検定統計量 ─────────────────────┐

サイズ N のデータが下図の表のように n 個に分類されている。

実現回数	f_1	f_2	……	f_n	N
理論確率	p_1	p_2	……	p_n	1
理論回数	Np_1	Np_2	……	Np_n	N

ここで、

$$T = \frac{(f_1 - Np_1)^2}{Np_1} + \frac{(f_2 - Np_2)^2}{Np_2} + \cdots\cdots + \frac{(f_n - Np_n)^2}{Np_n}$$

と定めると、T は自由度 $n-1$ の χ^2 分布に近似的に従う。

└──────────────────────────────────┘

自由度については、次のように考えるとよいでしょう。

p_1 から p_{n-1} までの $n-1$ 個の確率の値を決めると、最後の p_n は、

$$p_n = 1 - p_1 - p_2 - \cdots - p_{n-1}$$

と定まります。自由に選べるのは、$n-1$ 個だというわけです。

なお、$Np_i > 5$ のとき、適合度検定をしてよいとされ、$Np_i \leqq 5$ のときは誤差が大きくなり、検定には適しません。

適合度検定の考え方をさらに推し進めると、2つの確率変数 X、Y の独立性の検定を行なうことができます。

○ 独立性検定

適合度検定と同じように、仮定のもとで計算した母集団の比率に対し、標本の比率がそれに見合ったものか否かによって検定します。

問題 **2.21**　生徒数120人の学校で、山が好きか、海が好きかのアンケートを取りました。すると次のような結果になりました。

	山	海	計
男子	17	23	40
女子	13	67	80
計	30	90	120

　男子と女子で、山好き、海好きの傾向に差はあるといえるでしょうか。有意水準5%で検定してください。

　この検定は、適合度検定の発展版だと思って解きましょう。

　適合度検定では、$\dfrac{(実現値-理論値)^2}{理論値}$ の総和が χ^2 分布になることを用いて検定を行ないました。独立性の検定の場合もこの考え方を用います。

　この問題で理論値に相当する物は何でしょうか。

　理論値の表は次のようにして求めます。

　　男子は全体の $\dfrac{40}{120} = \dfrac{1}{3}$、女子は全体の $\dfrac{80}{120} = \dfrac{2}{3}$

　　山好きは全体の $\dfrac{30}{120} = \dfrac{1}{4}$、海好きは全体の $\dfrac{90}{120} = \dfrac{3}{4}$

です。

　男女で、山好き、海好きの差がないとすれば、男子だけを見たときも、山好きの人、海好きの人の比率は全体と同じと考えられます。ですから、
　男子 40 人のうち、

$$山好きは \frac{1}{4} の \ 40 \times \frac{1}{4} = 10 \ 人、海好きは \frac{3}{4} の \ 40 \times \frac{3}{4} = 30 \ 人$$

女子も同じように考えて、女子 80 人のうち、

$$山好きは \frac{1}{4} の \ 80 \times \frac{1}{4} = 20 \ 人、海好きは \frac{3}{4} の \ 80 \times \frac{3}{4} = 60 \ 人$$

これが適合度検定のときの理論値にあたるものです。
理論値の求め方をまとめると、下図のようになります。
各属性の全体に対する比率を求め、マス目を埋めていくわけです。

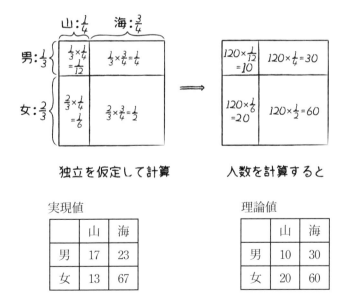

独立を仮定して計算　　　　　　人数を計算すると

実現値

	山	海
男	17	23
女	13	67

理論値

	山	海
男	10	30
女	20	60

　独立性検定の場合には、あえて帰無仮説を立てることをしませんが、帰無仮説を立てるとすれば、

ステップ 1　帰無仮説 H_0：

	山	海
男	10	30
女	20	60

とでもなるでしょう。

　これは独立性を仮定して、各マス目の全体に対する比率を計算したものです。

　この仮定のもと、適合度検定のように統計量 T を、

$$T = \frac{(実現値 - 理論値)^2}{理論値} \text{ の総和}$$

として作ります。こうして作った統計量は、自由度1の χ^2 分布に従います。

ステップ 2　統計量を実際に計算してみると、

$$T = \frac{(17 - 10)^2}{10} + \frac{(23 - 30)^2}{30} + \frac{(13 - 20)^2}{20} + \frac{(67 - 60)^2}{60}$$
$$\fallingdotseq 4.90 + 1.63 + 2.45 + 0.81 = 9.79$$

になります。

　自由度1の χ^2 分布は、下図のようになります。

　実現値が理論値から外れる度合いが多いほど、T の値が大きくなります。棄却域は大きい方にだけとります。この検定は右側検定になります。

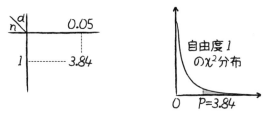

$p = 3.84$ となります。

ステップ3　$T = 9.79$ は $p = 3.84$ より大きいので、帰無仮説は棄却され
ました。

これにより、**有意水準5%で、**

「山好き、海好きは男女によって差がある」

ということがいえます。

COLUMN　**復元抽出と非復元抽出**

　復元抽出と非復元抽出の違いについて述べておきましょう。まずは、次の問題を解いてみましょう。

問題　**2.22**　箱の中に 7 個の白玉と 3 個の赤玉、計 10 個の玉が入っています。

(1)　箱の中から 1 個の玉を取り出し、<u>それをもとに戻し</u>、また箱の中から 1 個取り出します。このとき、取り出した玉が両方とも赤である確率はいくらですか。

(2)　箱の中から 1 個の玉を取り出し、<u>その玉を箱には戻さずに</u>、また 1 個取り出します。このとき、取り出した玉が両方とも赤である確率はいくらですか。

　箱の中から複数の玉を取り出すとき、(1) のように取り出した玉を 1 個ずつ箱に戻してから取り出す抽出法を**復元抽出**といいます。初めの状態を復元するので、復元抽出というのです。一方、(2) のように取り出した玉を箱に戻さない抽出法を**非復元抽出**といいます。

　それぞれの場合について確率を計算しましょう。

(1)　10 個のうち 3 個が赤玉なので、取り出した 1 個の玉が赤である確率は $\frac{3}{10}$ です。取り出した玉をもとに戻すので、初めの状態に戻りますから、次に玉を取り出すとき、玉が赤である確率も $\frac{3}{10}$ です。

　　2 個続けて赤が出る確率は $\frac{3}{10} \times \frac{3}{10} = \mathbf{\frac{9}{100}}$ です。

(2)　初めに取り出した 1 個の玉が赤である確率は $\frac{3}{10}$ です。初めに取り出した玉は赤です。この玉を箱に戻さないので、箱の中の玉は 9 個で、そのうち 2 個が赤玉です。この状態から玉を取り出すとき、赤が出る確率は $\frac{2}{9}$ です。

2 個続けて赤が出る確率は $\frac{3}{10} \times \frac{2}{9} = \mathbf{\frac{1}{15}}$ です。

(1) と (2) の確率の差は、

$$\frac{9}{100} - \frac{1}{15} \fallingdotseq 0.09 - 0.067 = 0.023$$

です。

次に、箱の中にある玉の個数を増やして同じ問題を考えてみましょう。

問題 **2.23**　箱の中に 700 個の白玉と 300 個の赤玉、計 1000 個の玉が入っています。

(1)　復元抽出で 2 個の玉を取り出すとき、取り出した玉が両方とも赤である確率はいくらですか。

(2)　非復元抽出で 2 個の玉を取り出すとき、取り出した玉が両方とも赤である確率はいくらですか。

---

(1)　$\dfrac{300}{1000} \times \dfrac{300}{1000} = \dfrac{9}{100}$

(2)　$\dfrac{300}{1000} \times \dfrac{299}{999} = \dfrac{299}{3330}$

(1)と(2)の確率の差は、

$$\frac{9}{100} - \frac{299}{3330} = 0.09 - 0.0897897\cdots = 0.00021\cdots$$

となります。

問題 1 よりも、問題 2 の方が差が小さくなりました。

問題 1 でも問題 2 でも、初めに箱の中から 1 個取り出したとき、玉が赤である確率はどちらも $\frac{3}{10}$ で同じです。

しかし、2 個の玉を取り出すとき、復元抽出のときと非復元抽出のときの確率の差は、箱の中にある玉の個数が多い問題 2 のときの方が小さくなっています。

つまり、箱の中の玉が多くなると、復元抽出のときと非復元抽出のときの確率の差は小さくなるのです。

ここで、復元抽出と非復元抽出の特徴的な違いについて、もうひとつコメントしておきましょう。

それは、1 回目の取り出しと 2 回目の取り出しの独立性についてです。

問題 1 の場合で考えてみましょう。

復元抽出の方では、1 回目に取り出した玉が何であろうとも、2 回目に取り出した玉が赤である確率は $\frac{3}{10}$ ですから、復元抽出の場合、1 回目の取り出しと 2 回目の取り出しは互いに影響し合わないという意味で独立です。

一方、非復元抽出の方では、1 回目に取り出した玉が赤である場合、2 回目に取り出した玉が赤である場合は $\frac{2}{9}$、1 回目に取り出した玉が白であ

る場合、2回目に取り出した玉が赤である場合は $\dfrac{3}{9}$ です。1回目に取り出した玉の色が何であるかによって、2回目に取り出した玉が赤玉である確率が変わってきます。つまり、1回目の取り出しと2回目の取り出しは、互いに影響し合うので独立ではありません。

　さて、復元抽出と非復元抽出の違いについて分かったところで、母集団から標本を取り出すときのことを考えてみましょう。

　母集団から3個の標本を取り出し、その変量を X_1、X_2、X_3 とします。標本の取り出し方は非復元抽出です。ですから、X_1、X_2、X_3 は独立ではありません。

　しかし、母集団のサイズが十分に大きいとき、復元抽出と非復元抽出の取り出し方の差は小さくなりますから、非復元抽出であっても復元抽出と見なすことができます。

　統計学では、母集団のサイズが標本のサイズよりも十分に大きいと考え、X_1、X_2、X_3 は独立であると見なします。これが、統計学で標本の変量を捉える上での大前提となっています。

　例えば、母集団から取り出した標本 X_1、X_2、X_3 の単純平均の分散に関して、

$$V\!\left(\dfrac{X_1 + X_2 + X_3}{3}\right) = \dfrac{1}{9}\,V(X_1 + X_2 + X_3) = \dfrac{1}{9}\,\{V(X_1) + V(X_2) + V(X_3)\}$$

と計算します（p.160 の問題を解くと分かります）。これは、X_1、X_2、X_3 を独立と見なしているからこそできる計算なのです。

UNIT

4 推定の応用

4-1 統計量は検定のときと同じ
──母平均・母分散・母比率の区間推定

平均以外も推定してみましょう。

1章で、推定の仕組みを紹介しました。

この節では、正規分布以外の確率分布を用いる区間推定の方法も紹介しましょう。

1章で紹介した推定の基本を忘れてしまった人は、もう一度読み返すとよいでしょう。1章の区間推定の仕方のまとめを、確率変数を用いて書き換えることから始めます。

○区間推定の仕方

1章で、区間推定の例を 1 つ挙げました。この章では区間推定の他の例を挙げましょう。

区間推定では、母集団に正規分布 $N(\mu, \sigma^2)$ を仮定し、標本の値から μ、σ^2 などを範囲で予測します。

1章で言及した区間推定のまとめを再掲します。

┌─ 区間推定の仕方 ─────────────────────────┐

（ステップ 1）　標本 x_1、x_2、…、x_n から作った統計量 $T(x_1, x_2, …, x_n)$
　　　　　　が従う分布を考え、統計量が 95％の区間に入る式を作る。

$$○ \leqq T(x_1, x_2, …, x_n) \leqq ○$$

（ステップ 2）　標本 x_1、x_2、…、x_n などに具体的な値を代入する。

（ステップ 3）　μ、σ^2 などについて解く。

└──────────────────────────────────┘

　このまとめは、まだ確率変数を導入する前のまとめですから、これを正確な表現にまとめておきましょう。標本の変量を確率変数にして、確率分布で言い換えると次のようになります。

┌─ 区間推定の仕方 ─────────────────────────┐

　母平均 μ、母分散 σ^2 の母集団から取り出した標本の変量を確率変数 X_1、X_2、…、X_n　とおく。

（ステップ 1）　統計量 $T(X_1, X_2, …, X_n)$ が従う分布を考え、統計量が 95％の区間に入る不等式を作る。

$$○ \leqq T(X_1, X_2, …, X_n) \leqq ○$$

（ステップ 2）　確率変数 X_1、X_2、…、X_n に標本の値 x_1、x_2、…、x_n を代入する。

（ステップ 3）　不等式を μ、σ^2 などについて解く。

└──────────────────────────────────┘

　μ、σ の情報がどう与えられているときに、何を推定するために、どのような統計量を設定して、どのような確率分布を用いるかについて初めにまとめておくと次のようになります。

　母平均 μ、母分散 σ^2 の母集団から n 個を抽出したその変量を X_1、X_2、…、X_n とします。$\overline{X}$ を X_1、X_2、…、X_n の平均とします。

┌─ 推定に用いる統計量 ─────────────────────────────┐

（ア）　母分散 σ^2 が既知のとき、母平均 μ を区間推定する。

「統計量 $T = \dfrac{\overline{X} - \mu}{\dfrac{\sigma}{\sqrt{n}}}$ は、標準正規分布 $N(0, 1^2)$ に従う」

（イ）　母分散 σ^2 が未知のとき、母平均 μ を区間推定する。

「統計量 $T = \dfrac{\overline{X} - \mu}{\dfrac{U}{\sqrt{n}}}$ は、自由度 $n-1$ の t 分布に従う」

ここで、U^2 は不偏分散であり、

$$U = \sqrt{\frac{(X_1 - \overline{X})^2 + (X_2 - \overline{X})^2 + \cdots + (X_n - \overline{X})^2}{n-1}}$$

（ウ）　母平均 μ が既知のとき、母分散 σ^2 を区間推定する。

「統計量 $T = \dfrac{(X_1 - \mu)^2 + (X_2 - \mu)^2 + \cdots + (X_n - \mu)^2}{\sigma^2}$ は、

自由度 n の χ^2 分布に従う」

（エ）　母平均 μ が未知のとき、母分散 σ^2 を区間推定する。

「統計量 $T = \dfrac{(X_1 - \overline{X})^2 + (X_2 - \overline{X})^2 + \cdots + (X_n - \overline{X})^2}{\sigma^2}$ は、

自由度 $n-1$ の χ^2 分布に従う」

└──┘

　1章では、（ア）を説明しました。ここでは、（イ）、（ウ）、（エ）を説明するのが目標です。まずは、（イ）から説明するところですが、（ア）と（イ）を比べてみると、ちょっとした違いしかないことが分かりますね。

　復習を兼ねて、（ア）のタイプから解いてみましょう。

○（ア）母分散 σ^2 が既知のとき、母平均 μ を区間推定する

問題 **2.24**　正規分布に従う母集団からサンプルを 5 個取って変量を調べると、

$$13.7 \quad 15.5 \quad 16.1 \quad 14.4 \quad 16.3$$

でした。母分散が $\sigma^2 = 1$ のとき、母平均 μ の 95％信頼区間を求めてください。

　　母平均が μ、母分散が $\sigma^2 = 1$ である正規分布に従う母集団から、サンプルを n 個取り出し、その平均を $\overline{X}$ とすると、

$$「統計量\ T = \frac{\overline{X} - \mu}{\dfrac{\sigma}{\sqrt{n}}}\ は、標準正規分布\ N(0,\ 1^2)\ に従う」$$

となります。なぜ $N(0,\ 1^2)$ に従うかについては、1 章で $n = 9$ の場合を説明したので繰り返しません。具体的な数を文字に置き換えるだけで、結論を導くために要する議論は同じです。

　　$0.95 \div 2 = 0.475$ として、標準正規分布の表から、

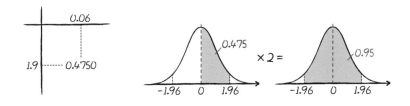

なので、

$$-1.96 \leqq \frac{\overline{X} - \mu}{\frac{\sigma}{\sqrt{n}}} \leqq 1.96 \text{ となる確率は 95\% である。……②}$$

ということができます。

　いま、5個のサンプルを取り出した場合の結果を考えているので $n = 5$ とします。また、取り出したサンプルの変量が与えられているので、$\overline{X}$ を計算することができます。σ も 1 と与えられています。

　つまり、②の不等式の部分で未知なのは μ だけなのです。

　最終的には μ についての不等式が欲しいので、不等式の部分を μ について解いておきましょう。

$$-1.96 \leqq \frac{\overline{X} - \mu}{\frac{\sigma}{\sqrt{n}}} \leqq 1.96$$

$$-1.96 \times \frac{\sigma}{\sqrt{n}} \leqq \overline{X} - \mu \qquad \overline{X} - \mu \leqq 1.96 \times \frac{\sigma}{\sqrt{n}}$$

$$\mu \leqq \overline{X} + 1.96 \times \frac{\sigma}{\sqrt{n}} \qquad \overline{X} - 1.96 \times \frac{\sigma}{\sqrt{n}} \leqq \mu$$

$$\overline{X} - 1.96 \times \frac{\sigma}{\sqrt{n}} \leqq \mu \leqq \overline{X} + 1.96 \times \frac{\sigma}{\sqrt{n}}$$

　②の不等式の部分をこれに入れ替えて、②を言い換えると、

$$\overline{X} - 1.96 \times \frac{\sigma}{\sqrt{n}} \leqq \mu \leqq \overline{X} + 1.96 \times \frac{\sigma}{\sqrt{n}} \text{ となる確率は 95\% である。}$$

となります。

　上でも注意したように、μ の両側は具体的に計算することができます。具体的に計算してみましょう。

　いま、5個のサンプルを取り出して、それらの変量を X_1、X_2、X_3、X_4、X_5 とします。これらの単純平均を

$$\overline{X} = \frac{X_1 + X_2 + X_3 + X_4 + X_5}{5}$$

とします。X_1、X_2、X_3、X_4、X_5 の値が、13.7、15.5、16.1、14.4、16.3 ですから、

$$\overline{X} = \frac{13.7 + 15.5 + 16.1 + 14.4 + 16.3}{5} = \frac{76}{5} = 15.2$$

これと、$n = 5$、$\sigma = 1$ を代入すると、

$$15.2 - 1.96 \times \frac{1}{\sqrt{5}} \leqq \mu \leqq 15.2 + 1.96 \times \frac{1}{\sqrt{5}}$$

$$14.32 \leqq \mu \leqq 16.08$$

これを正式な用語を用いて言い換えると、

母平均 μ の 95%信頼区間は、

$$\mathbf{14.32 \leqq \mu \leqq 16.08}$$

となります。

　次に、(イ) のタイプ（σ が未知の場合について、μ を区間推定する）問題を解いてみましょう。あらためて問題文を書きます。

○（イ）母分散 σ^2 が未知のとき、母平均 μ を区間推定する

問題 **2.25**　正規分布に従う母集団からサンプルを5個取って変量を調べると、

13.7　　15.5　　16.1　　14.4　　16.3

でした。このとき、信頼係数 95% で母平均 μ を区間推定してください。

(ア)の場合であれば、統計量として $\dfrac{\overline{X} - \mu}{\dfrac{\sigma}{\sqrt{n}}}$ を考えましたが、今回は

あいにく母分散 σ^2 の値が分かっていませんから、この統計量は使うことができません。そこで、母分散 σ^2 の代わりに U^2 を用いましょう。つまり、この問題では統計量として、

$$T = \frac{\overline{X} - \mu}{\dfrac{U}{\sqrt{n}}}$$

を用いるのです。

　この統計量 T は、もはや正規分布には従いません。t 分布に従うのです。

$$\left\lceil T = \frac{\overline{X} - \mu}{\dfrac{U}{\sqrt{n}}} \text{ は、自由度 } n - 1 \text{ の } t \text{ 分布に従う}\right.$$

となります。

　t 分布には自由度と呼ばれる変数があります。この場合は資料の個数が5個で、$n = 5$ なので、自由度はそれより1つ小さい4になります。自由度って何、しかもなぜ自由度が1つ減るのか、と疑問符だらけかもしれません。

　逆に、上のような統計量 T が従う分布が自由度 $n - 1$ の t 分布である、つまり、自由度 $n - 1$ の t 分布は上のように定義されているものと思えば、悩むことはありません。応用上は、自由度4の t 分布が実際にどのような分布、グラフになっているかを知ることの方が重要です。歴史的に見ても、t 分布はこの手の問題を解く過程で明らかになってきた分布ですから、上を定義としてしまっても構わないと思います。自由度について知りたい方は(p.281)コラムを読んでください。

　t 分布の様子はよく調べられていて、自由度4の t 分布は次の図のようなグラフの形をしています。確率密度関数のグラフですから、グラフの曲

線とヨコ軸とで囲まれた部分の面積は 1 になります。

　一見、正規分布のようですが、正規分布を重ね合わせると、正規分布よりも潰れたつりがね型になっています。自由度が小さいほどつりがね型が潰れていきます。

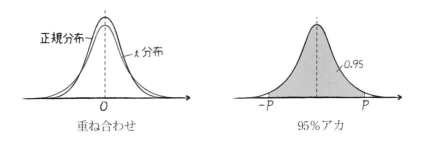

重ね合わせ　　　　　　　　　　　　95％アカ

　上右図で p の値を求めましょう。

　t 分布の表（p.338）は、タテは自由度、ヨコは下図のアカい部分の面積を表しています。t 分布の表中の数字は、このときの p の値を表しています。

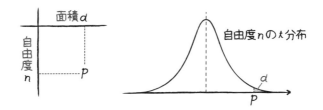

　p を求めるには、$(1 - 0.95) \div 2 = 0.025$ と計算して、

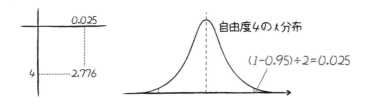

から、$p = 2.776$ となります。

　このことから、

$$-2.776 \leqq \frac{\overline{X} - \mu}{\dfrac{U}{\sqrt{n}}} \leqq 2.776 \text{ となる確率は 95％である。……①}$$

となります。

　不等式の部分を書き直しましょう。前問の結果が使えますね。p.250 の
で、σ を U、1.96 を 2.776 に直すと次のようになります。自分で導出して
もよいでしょう。

　①の不等式の部分を書き直すと、

$$\overline{X} - 2.776 \times \frac{U}{\sqrt{n}} \leqq \mu \leqq \overline{X} + 2.776 \times \frac{U}{\sqrt{n}} \text{ となる確率は 95％である。}$$

となります。

　あとは、具体的数値を代入していくだけです。

　不偏分散 U^2 を計算しましょう。資料は前問と同じなので、
$\overline{X} = 15.2$ です。不偏分散を求める式において、分母は5でなくて、4であ
ることに注意しましょう。

$$U^2 = \frac{(X_1 - \overline{X})^2 + (X_2 - \overline{X})^2 + \cdots + (X_5 - \overline{X})^2}{5 - 1}$$

$$= \frac{(13.7 - 15.2)^2 + (15.5 - 15.2)^2 + (16.1 - 15.2)^2 + (14.4 - 15.2)^2 + (16.3 - 15.2)^2}{4}$$

$$= \frac{1.5^2 + 0.3^2 + 0.9^2 + 0.8^2 + 1.1^2}{4} = 1.25$$

$$U = \sqrt{1.25} \fallingdotseq 1.12$$

　よって、不等式に $U = 1.12$、$\overline{X} = 15.2$ を代入すると、

$$15.2 - 2.776 \times \frac{1.12}{\sqrt{5}} \leqq \mu \leqq 15.2 + 2.776 \times \frac{1.12}{\sqrt{5}}$$

$$13.81 \leqq \mu \leqq 16.59$$

これを正式な用語で言い換えると、

信頼係数 95％で母平均 μ を区間推定すると、信頼区間は、

$$13.80 \leqq \mu \leqq 16.59$$

となります。

　次に、（ウ）のタイプ（μ が既知のとき、σ^2 の区間推定をする）の問題を解いてみましょう。

○（ウ）母平均 μ が既知のとき、母分散 σ^2 を区間推定する

| 問題 | **2.26**　正規分布に従う母集団からサンプルを5個取って変量を調べると、

$$13.7 \quad 15.5 \quad 16.1 \quad 14.4 \quad 16.3$$

でした。$\mu = 15$ のとき、信頼係数 95％で母分散 σ^2 を区間推定してください。

　μ が既知なので、σ を区間推定するためには p.248 の（ウ）で $n = 5$ として、

「統計量 $T = \dfrac{(X_1 - \mu)^2 + (X_2 - \mu)^2 + \cdots + (X_5 - \mu)^2}{\sigma^2}$ は、

自由度5の χ^2 分布に従う」

という事実を用います。χ^2 分布についての詳しい説明はあとに回します。逆に、上のような統計量 T が従う分布が自由度5の χ^2 分布である、つまり、自由度5の χ^2 分布はこのように定義されるのだ、と思ってしまえば悩ま

なくて済むでしょう。応用上は、自由度 5 の χ^2 分布が実際にどのような分布、グラフになっているかを知ることの方が重要です。

　自由度 5 の χ^2 分布のグラフは、下左図のような形をしています。確率密度関数のグラフですから、グラフと x 軸とで囲まれた部分の面積は 1 になります。

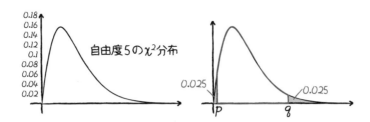

　上右図の、アカ囲みの面積が 0.95、その両脇のアカい部分の面積がそれぞれ 0.025 ずつになるように p、q の値を求めましょう。

　p、q の値が分かったとすれば、

　母集団からサンプルを 5 個取ってきて計算した統計量 T が、

$$p \leqq T \leqq q \quad \text{となる確率は 95\% である。}$$

つまり、

$$p \leqq \frac{(X_1 - \mu)^2 + (X_2 - \mu)^2 + \cdots + (X_5 - \mu)^2}{\sigma^2} \leqq q \quad \cdots\cdots ①$$

となる確率は 95% である。

となります。

　χ^2 分布の表はタテ軸が自由度 n、ヨコ軸が次の図のアカい部分の面積を表しています。χ^2 分布の表中の数字は、このときの p の値を表しています。

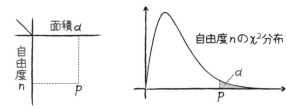

です。$1 - 0.025 = 0.975$ として、

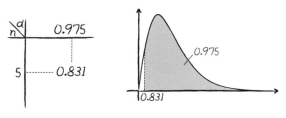

より、$p = 0.831$

また、

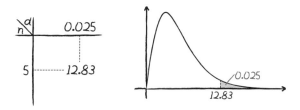

より、$q = 12.83$

と求まります。

①について、σ^2 についての不等式を解くつもりで式変形しておきます。

$$p \leqq \frac{(X_1 - \mu)^2 + (X_2 - \mu)^2 + \cdots + (X_5 - \mu)^2}{\sigma^2} \leqq q$$

$$p\sigma^2 \leqq (X_1 - \mu)^2 + (X_2 - \mu)^2 + \cdots + (X_5 - \mu)^2 \leqq q\sigma^2$$

$$\sigma^2 \leqq \frac{(X_1 - \mu)^2 + \cdots + (X_5 - \mu)^2}{p} \qquad \frac{(X_1 - \mu)^2 + \cdots + (X_5 - \mu)^2}{q} \leqq \sigma^2$$

$$\frac{(X_1 - \mu)^2 + (X_2 - \mu)^2 + \cdots + (X_5 - \mu)^2}{q} \leqq \sigma^2 \leqq \frac{(X_1 - \mu)^2 + (X_2 - \mu)^2 + \cdots + (X_5 - \mu)^2}{p} \quad \cdots ②$$

ここで、p、q、X_1、X_2、X_3、X_4、X_5、μ の値を代入します。

分数の分子は、

$(X_1 - \mu)^2 + (X_2 - \mu)^2 + \cdots + (X_5 - \mu)^2$

$= (13.7 - 15)^2 + (15.5 - 15)^2 + (16.1 - 15)^2 + (14.4 - 15)^2 + (16.3 - 15)^2$

$= 1.3^2 + 0.5^2 + 1.1^2 + 0.6^2 + 1.3^2 = 5.2$

よって、②は、

$$\frac{5.2}{12.83} \leqq \sigma^2 \leqq \frac{5.2}{0.831}$$

$$0.41 \leqq \sigma^2 \leqq 6.26$$

となります。

つまり、これを正式な用語で言い換えれば、

母分散 σ^2 の信頼係数 95%の信頼区間は、

$0.41 \leqq \sigma^2 \leqq 6.26$

となります。

○（エ）母平均 μ が未知のとき、母分散 σ^2 を区間推定する

次に、（エ）のタイプ（μ が未知のとき、σ^2 の区間推定をする）の問題を解いてみましょう。

問題 **2.27** 正規分布に従う母集団からサンプルを5個取って変量を調べると、

$$13.7 \quad 15.5 \quad 16.1 \quad 14.4 \quad 16.3$$

でした。このとき、信頼係数95％で母分散 σ^2 を区間推定してください。

今度は μ が未知なので、σ を区間推定するためには、（ウ）で用いた統計量をそのまま使うことはできません。（ウ）の統計量の μ を $\overline{X}$ にしたものを用います。

$$\frac{(X_1-\mu)^2+(X_2-\mu)^2+\cdots+(X_n-\mu)^2}{\sigma^2} \quad \rightarrow \quad \frac{(X_1-\overline{X})^2+(X_2-\overline{X})^2+\cdots+(X_n-\overline{X})^2}{\sigma^2}$$

この統計量については、以下の事実が成り立ちます。

$$\text{「統計量 } T = \frac{(X_1-\overline{X})^2+(X_2-\overline{X})^2+\cdots+(X_n-\overline{X})^2}{\sigma^2} \text{ は、}$$
$$\text{自由度 } n-1 \text{ の } \chi^2 \text{ 分布に従う」}$$

（ウ）のときの自由度は n でしたが、今度は自由度が $n-1$ になっています。ここの自由度が1つ減ることの理由は厳密に説明すると難しいのですが、簡単にできる説明もありますから、コラム（p.281）で紹介しましょう。

自由度4の χ^2 分布のグラフは、次の左図のような形をしています。ほとんど自由度5のときと変わりありません。

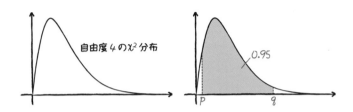

　上右図の、アカい部分の面積が 0.95、その両脇の面積が 0.025 ずつにな
るように p、q の値を求めましょう。

　母集団からサンプルを 5 個取ってきて計算した統計量 T が、

$$p \leqq T \leqq q \quad \text{となる確率は 95\% である。}$$

つまり、

$$p \leqq \frac{(X_1 - \overline{X})^2 + (X_2 - \overline{X})^2 + \cdots + (X_5 - \overline{X})^2}{\sigma^2} \leqq q \quad \cdots\cdots①$$

となる確率は 95％である。

となります。

　$1 - 0.025 = 0.975$ として、

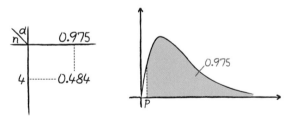

より、$p = 0.484$

また、

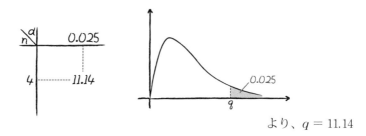

より、$q = 11.14$

と求まります。

①について、σ^2 についての不等式を解くつもりで式変形しておきます。

$$p \leqq \frac{(X_1 - \overline{X})^2 + (X_2 - \overline{X})^2 + \cdots + (X_5 - \overline{X})^2}{\sigma^2} \leqq q$$

前問と同様にして、

$$\frac{(X_1 - \overline{X})^2 + (X_2 - \overline{X})^2 + \cdots + (X_5 - \overline{X})^2}{q} \leqq \sigma^2 \leqq \frac{(X_1 - \overline{X})^2 + (X_2 - \overline{X})^2 + \cdots + (X_5 - \overline{X})^2}{p} \cdots ②$$

ここで、p、q、X_1、X_2、X_3、X_4、X_5、$\overline{X}$ の値を代入します。

分数の分子は、

$$(X_1 - \overline{X})^2 + (X_2 - \overline{X})^2 + \cdots + (X_5 - \overline{X})^2$$
$$= (13.7 - 15.2)^2 + (15.5 - 15.2)^2 + (16.1 - 15.2)^2$$
$$\qquad + (14.4 - 15.2)^2 + (16.3 - 15.2)^2$$
$$= 1.5^2 + 0.3^2 + 0.9^2 + 0.8^2 + 1.1^2 = 5$$

よって、②は、

$$\frac{5}{11.14} \leqq \sigma^2 \leqq \frac{5}{0.484}$$
$$0.45 \leqq \sigma^2 \leqq 10.33$$

となります。

統計学の用語で言い換えれば、

母分散 σ^2 の信頼係数 95％の信頼区間は、
$0.45 \leqq \sigma^2 \leqq 10.33$

となります。

　次に、母比率の推定を行ないましょう。母集団全体を 1 としたとき、特定の属性を持つ資料の割合のことを母比率といいます。

○ 母比率の推定

問題 **2.28**　10000 人に向けてテレビ番組の視聴率調査をしました。ある番組を見た人は 2100 人でした。この番組の視聴率を信頼係数 95％で推定してください。

　10000 人中 2100 人が番組を見たのですから、調査をした人の

$$\frac{2100}{10000} \times 100 = 21\%$$

が番組を見たことになります。

　日本全国の人を母集団、調査した 10000 人を標本とします。21％というのは標本比率です。全国の人のうちで番組を見た人の割合、つまり母比率を推定することがここでの課題です。

いま、母比率を p とおきます。これは、この母集団から1人を取り出したとき、その人がテレビ番組を見ている確率が p であるということを意味しています。

それでは、母集団から10000人を取り出して、そのうち a 人がテレビ番組を見ている確率はどのように表されるでしょうか。

このとき参考になるのは、二項分布の考え方です。

二項分布 $Bin(n, p)$

1回の試行で A が起こる確率を p とする。

A の起こる回数を確率変数 X とすれば、n 回の試行のうち A の起こる確率が k 回である確率は、

$$P(X = k) = {}_nC_k\, p^k (1-p)^{n-k}$$

これを問題に即して次のように読みかえます。

1回の試行で A が起こる確率が p

   →   母集団から1人を取り出したとき、

        その人が番組を見ている確率は p

$n \to 10000$、$k \to a$

10000人中、番組を見た人の人数を確率変数 X とおくと、X は二項分布 $Bin(10000, p)$ に従います。10000人中 a 人がテレビ番組を見る確率は、

$$P(X = a) = {}_{10000}C_a\, p^a (1-p)^{10000-a}$$

となります。

また、一般論に戻ります。

二項分布 $Bin(n, p)$ の平均、分散は、

$$E(X) = np、\quad V(X) = np(1-p)$$

でした。

　ここで、ラプラスの定理を用います。

　X が二項分布 $Bin(n, p)$ に従うとき、**n が十分に大きいと、**

$$\frac{X - np}{\sqrt{np(1 - p)}}\text{ の分布は、}N(0, 1^2)\text{に従う。}$$

と見なせます。

　$n = 10000$ は十分に大きいので、この近似が使えます。

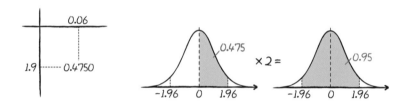

　ですから、

$$-1.96 \leqq \frac{X - np}{\sqrt{np(1 - p)}} \leqq 1.96 \text{ となる確率は } 95\%$$

式の部分を変形すると、

$$X - 1.96\sqrt{np(1 - p)} \leqq np \leqq X + 1.96\sqrt{np(1 - p)}$$

$$\frac{X - 1.96\sqrt{np(1 - p)}}{n} \leqq p \leqq \frac{X + 1.96\sqrt{np(1 - p)}}{n}$$

となります。ですから、

$$\frac{X - 1.96\sqrt{np(1 - p)}}{n} \leqq p \leqq \frac{X + 1.96\sqrt{np(1 - p)}}{n} \text{ となる確率は } 95\%$$

ということができます。

　ここで不等式の左辺と右辺を具体的に求めることができれば、区間推定

できたことになります。

　ところが、左辺、右辺の$\sqrt{\ }$の中には未知のpが入っているので計算することができません。そこで、母比率pの代わりに標本比率を用いましょう。それほど大きさな差は生じないでしょう。$p = 0.21$と代入してしまうわけです。

　左辺・右辺で、$X = 2100$、$n = 10000$、$p = 0.21$とします。

　すると、式の部分は

$$\frac{2100 - 1.96\sqrt{10000 \cdot 0.21(1 - 0.21)}}{10000} \leqq p \leqq \frac{2100 + 1.96\sqrt{10000 \cdot 0.21(1 - 0.21)}}{10000}$$

$$0.202 \leqq p \leqq 0.218$$

　これより、

95％の信頼係数で、視聴率が 20.2％以上 21.8％以下である。

といえます。

　1億2千万人に対するたった10000人のサンプルで、視聴率をここまで絞り込むことができるわけです。

COLUMN	# 不偏分散はなぜ$n-1$で 割るのか

　不偏分散のとき $n-1$ で割る理由を、

「不偏分散は、母分散を推定する値（推定量）として使われます。n で割らず

　$n-1$ で割るのは、分散の推定値が過小評価されることを補正するためです。この補正をベッセルの補正といいます。」

と書いてある本があります。これは状況の言い換えであり本質をついていません。

　不偏分散は、なぜ良い推定量なのか、なぜ n で割った場合にはベッセルの補正をしなければならないのかについて説明しなければ、この問いに答えたことになりません。

　不偏分散のとき $n-1$ で割る理由は、次の事実が成り立っているからです。

平均 μ、分散 σ^2 を持つ母集団から n 個のサンプルを取り出し、それらの変量を X_1、X_2、…、X_n とし、これら n 個の平均を

$$\overline{X} = \frac{X_1 + X_2 + \cdots + X_n}{n}$$

とするとき、確率変数 U^2 を

$$U^2 = \frac{(X_1 - \overline{X})^2 + (X_2 - \overline{X})^2 + \cdots + (X_n - \overline{X})^2}{n-1}$$

とおくと、

$$E(U^2) = \sigma^2 \qquad \cdots\cdots ☆$$

　つまり、不偏分散の式 U^2 を確率変数と見て、その平均を計算すると母分散の値に等しくなるのです。

　一般に、確率変数 $T(X_1,\ \cdots,\ X_n)$ が、

$$[X_1,\ \cdots,\ X_n \text{ の関数で表される確率変数}]$$

母集団のパラメータ t（具体的には、μ や σ^2 など）の推定量であり、

$$E(T(X_1,\ \cdots,\ X_n))=t$$

が成り立つとき、$T(X_1,\ \cdots,\ X_n)$ を t の不偏推定量といいます。

　$E(U^2)=\sigma^2$ より、U^2 は母分散 σ^2 の不偏推定量ですから、U^2 を不偏分散というのです。

　なお、標本平均 に関して、

$$E(\overline{X})=\mu \quad \cdots\cdots①$$

が成り立つので、標本平均 $\overline{X}$ は母平均 μ の不偏推定量です。平均の方では不偏平均という用語はありません。

　①を示しておくと、

$$E(\overline{X})=E\left(\frac{X_1+X_2+\cdots+X_n}{n}\right)$$

$$=\frac{1}{n}E(X_1+X_2+\cdots+X_n)$$

$$=\frac{1}{n}\{E(X_1)+E(X_2)+\cdots+E(X_n)\}$$

　$[X_i$ は平均 μ の母集団から取り出したものなので、$E(X_i)=\mu]$

$$=\frac{1}{n}\cdot n\mu=\mu$$

となります。

☆の式を説明してみましょう。☆の代わりに、これを $n-1$ 倍した

$$E((n-1)U^2) = (n-1)\sigma^2 \qquad \cdots\cdots ②$$

を目標にしましょう。

②の左辺は、

$E((n-1)U^2)$

$\quad = E((X_1 - \overline{X})^2 + \cdots + (X_n - \overline{X})^2)$

$\quad = E(X_1^2 - 2X_1\overline{X} + \overline{X}^2 + \cdots + X_n^2 - 2X_n\overline{X} + \overline{X}^2)$

$\quad = E(X_1^2 + \cdots + X_n^2 - 2(X_1 + \cdots + X_n)\overline{X} + n\overline{X}^2)$

$\quad = E(X_1^2 + \cdots + X_n^2 - 2n\overline{X}\,\overline{X} + n\overline{X}^2)$

$\quad = E(X_1^2 + \cdots + X_n^2 - n\overline{X}^2)$

$\quad = E(X_1^2) + \cdots + E(X_n^2) - nE(\overline{X}^2) \qquad \cdots\cdots ③$

X_i が母集団から取り出したものであることから、

$$E(X_i) = \mu 、 V(X_i) = \sigma^2$$

また、$V(X_i) = E(X_i^2) - \{E(X_i)\}^2$ より、

$$E(X_i^2) = V(X_i) + \{E(X_i)\}^2 = \sigma^2 + \mu^2 \qquad \cdots\cdots ④$$

$\overline{X}$ について、$V(\overline{X}) = E(\overline{X}^2) - \{E(\overline{X})\}^2$ より、

$$E(\overline{X}^2) = V(\overline{X}) + \{E(\overline{X})\}^2 \qquad \cdots\cdots ⑤$$

ここで、

$\quad V(\overline{X}) = V\left(\dfrac{X_1 + X_2 + \cdots + X_n}{n}\right)$

$\qquad = \dfrac{1}{n^2} V(X_1 + X_2 + \cdots + X_n)$

$\qquad\quad [X_1、X_2、\cdots、X_n$ は互いに独立なので分配できる$]$

$$= \frac{1}{n^2} \{ V(X_1) + V(X_2) + \cdots + V(X_n) \}$$

$[X_i$ は平均 μ の母集団から取り出したものなので、$V(X_i) = \sigma^2]$

$$= \frac{1}{n^2} \cdot n\sigma^2 = \frac{1}{n} \sigma^2$$

であり、⑤は①も用いて、

$$E(\overline{X}^2) = V(\overline{X}) + \{E(\overline{X})\}^2 = \frac{1}{n} \sigma^2 + \mu^2 \qquad \cdots\cdots ⑥$$

③の右辺を④、⑥で書きかえると、

$$E(X_1^2) + \cdots + E(X_n^2) - nE(\overline{X}^2)$$

$$= (\sigma^2 + \mu^2) + \cdots + (\sigma^2 + \mu^2) - n\left(\frac{1}{n} \sigma^2 + \mu^2 \right)$$

$$= (n-1)\sigma^2$$

これによって、②を証明することができました。

　ちなみに、U^2 の式の $\overline{X}$ を母平均 μ に、分母の $n-1$ を n に換えた式を

$$T^2 = \frac{(x_1 - \mu)^2 + (x_2 - \mu)^2 + \cdots + (x_n - \mu)^2}{n}$$

とおくと、これの平均は、

$$E(T^2) = \sigma^2$$

となります。

　$X_1 - \mu$、$X_2 - \mu$、$\cdots$、$X_n - \mu$ の場合、これらはすべて独立で自由度は n ですが、$X_1 - \overline{X}$、$X_2 - \overline{X}$、$\cdots$、$X_n - \overline{X}$ の場合、これらの和が 0 である（偏差の和は 0）という関係（縛り）がありますから、自由度は n から 1 減って $n-1$ になります。割る数を n にするか $n-1$ にするかは確率変数の自由度によるわけです。

UNIT

5 χ^2分布、t分布、F分布

5-1 | 検定・推定に使った確率分布を整理しよう
——χ^2分布、t分布、F分布の定義

χ^2分布、t分布、F分布の定義を知って、統計量が何分布に従うかを確認しましょう。

　いままで扱ってきた、正規分布以外の分布について、いちおう正確な定義を述べておきましょう。

　「いちおう」と表現したのは、完成された数学では「定義」から始めて「定理」を述べていくのが正しい順序ですが、この本では検定・推定の場面で分布の形を知る必要があるときに、その分布の形に名前を付けて、t分布、χ^2分布、F分布を定義してしまったからです。

　検定・推定の要請からその分布の様子が調べられ名前が付けられたという歴史的経緯を鑑みれば、そういう流儀で分布を定義をしても便法として許されるでしょう。

　この節では、χ^2分布、t分布、F分布に関して整理された形で定義を述べ、それと照らし合わせることで、検定・推定の際に定義された分布がたしかにそれらの分布であることを確認していきましょう。

　といっても、各分布の確率密度関数としての式の詳細を追いかけることは、大学初年級の積分に関する知識が必要ですから、ここでは割愛することにします。

○ χ^2 分布

χ^2 分布、t 分布、F 分布の中で、一番初めに説明しなければならないのは、χ^2 分布です。これをもとに t 分布、F 分布を説明するからです。

χ^2 分布の定義

Z_1、Z_2、$\cdots$、Z_n が互いに独立な標準正規分布 $N(0,\ 1^2)$ に従うとき、

$$X = Z_1^2 + Z_2^2 + \cdots + Z_n^2$$

とおく。X の分布を、自由度 n の χ^2 分布という。

分布のグラフは、自由度ごとに次のようになります。

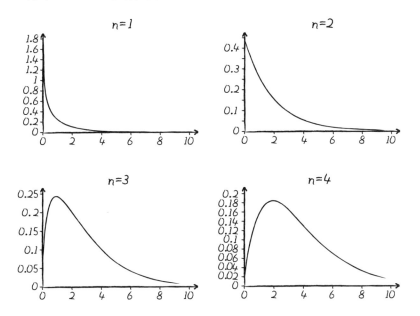

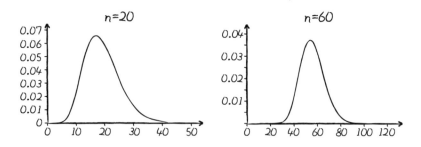

　　いままで推定・検定の場面で使われてきた χ^2 分布について、定義と照らし合わせてみましょう。

　　母平均 μ、母分散 σ^2 の正規分布に従う母集団からサイズ n の標本を抽出し、その変量を X_1、X_2、…、X_n とし、それら n 個の平均を $\overline{X}$ とします。

　　このとき、p.212 の検定、p.255 の推定では、

$$\text{統計量 } T = \frac{(X_1 - \mu)^2 + (X_2 - \mu)^2 + \cdots + (X_n - \mu)^2}{\sigma^2} \text{ は、}$$

$$\text{自由度 } n \text{ の } \chi^2 \text{ 分布に従う}$$

という事実を用いました。

　　定義に照らし合わせて確かめてみましょう。

　　母集団から 1 度に n 個を取り出して標本としています。一度に取り出しているので厳密には非復元抽出ですが、母集団のサイズが大きいので n 個の変量 X_1、X_2、…、X_n は、独立と見なして構いません。

　　X_i が $N(\mu,\ \sigma^2)$ に従うとき、X_i を標準化して

$$Z_i = \frac{X_i - \mu}{\sigma}$$

とおきます。Z_i は標準正規分布 $N(0,\ 1^2)$ に従います。

$$E(Z_i) = 0 \quad V(Z_i) = 1$$

　　X_1、X_2、$\cdots$、X_n が互いに独立ですから、それらを個別に標準化した Z_1、Z_2、$\cdots$、Z_n も独立です。これを用いると、T は

$$T = \frac{(X_1 - \mu)^2 + (X_2 - \mu)^2 + \cdots + (X_n - \mu)^2}{\sigma^2}$$

$$= \left(\frac{X_1 - \mu}{\sigma}\right)^2 + \left(\frac{X_2 - \mu}{\sigma}\right)^2 + \cdots + \left(\frac{X_n - \mu}{\sigma}\right)^2$$

$$= Z_1^2 + Z_2^2 + \cdots + Z_n^2$$

と書けますから、T は自由度 n の χ^2 分布に従います。

　　このとき、p.214 の検定、p.259 の推定で用いた

$$\text{統計量 } T = \frac{(X_1 - \overline{X})^2 + (X_2 - \overline{X})^2 + \cdots + (X_n - \overline{X})^2}{\sigma^2} \text{ は、}$$

$$\text{自由度 } n - 1 \text{ の } \chi^2 \text{ 分布に従う}$$

はどうでしょうか。

　　厳密ではありませんが説明してみましょう。

　　やはり、X_i が $N(\mu,\ \sigma^2)$ に従うとき、X_i を標準化した変数を

$$Z_i = \frac{X_i - \mu}{\sigma} \qquad (\text{つまり、整理すると} \quad X_i = \sigma Z_i + \mu)$$

これら n 個の平均を

$$\overline{Z} = \frac{Z_1 + Z_2 + \cdots + Z_n}{n}$$

とおきます。すると、

$$\overline{X} - \mu = \frac{X_1 + X_2 + \cdots + X_n}{n} - \mu$$

$$= \frac{(\sigma Z_1 + \mu) + (\sigma Z_2 + \mu) + \cdots + (\sigma Z_n + \mu)}{n} - \mu$$

$$= \frac{\sigma(Z_1 + Z_2 + \cdots + Z_n) + n\mu}{n} - \mu$$

$$= \sigma \overline{Z} + \mu - \mu = \sigma \overline{Z}$$

これより、$\overline{Z} = \dfrac{\overline{X} - \mu}{\sigma}$

$$Z_i - \overline{Z} = \frac{X_i - \mu}{\sigma} - \frac{\overline{X} - \mu}{\sigma} = \frac{X_i - \overline{X}}{\sigma}$$

が成り立ちますから、

$$T = \frac{(X_1 - \overline{X})^2 + (X_2 - \overline{X})^2 + \cdots + (X_n - \overline{X})^2}{\sigma^2}$$

$$= \left(\frac{X_1 - \overline{X}}{\sigma}\right)^2 + \left(\frac{X_2 - \overline{X}}{\sigma}\right)^2 + \cdots + \left(\frac{X_n - \overline{X}}{\sigma}\right)^2$$

$$= (Z_1 - \overline{Z})^2 + (Z_2 - \overline{Z})^2 + \cdots + (Z_n - \overline{Z})^2$$

となります。ここで、両辺に $n\overline{Z}^2$ を足すと、

$$T + n\overline{Z}^2$$

$$= (Z_1 - \overline{Z})^2 + (Z_2 - \overline{Z})^2 + \cdots + (Z_n - \overline{Z})^2 + n\overline{Z}^2$$

$$= Z_1^2 - 2Z_1\overline{Z} + \overline{Z}^2 + Z_2^2 - 2Z_2\overline{Z} + \overline{Z}^2 + \cdots$$
$$+ Z_n^2 - 2Z_n\overline{Z} + \overline{Z}^2 + n\overline{Z}^2$$

$$= Z_1^2 + Z_2^2 + \cdots + Z_n^2 - 2(Z_1 + Z_2 + \cdots + Z_n)\overline{Z} + n\overline{Z}^2 + n\overline{Z}^2$$

$$= Z_1^2 + Z_2^2 + \cdots + Z_n^2 - 2n\overline{Z} \cdot \overline{Z} + n\overline{Z}^2 + n\overline{Z}^2$$

$$= Z_1^2 + Z_2^2 + \cdots + Z_n^2$$

が成り立っています。つまり、

$$T + (\sqrt{n}\ \overline{Z})^2 = Z_1^2 + Z_2^2 + \cdots + Z_n^2 \cdots\cdots ①$$

となります。

　ここで、$\sqrt{n}\ \overline{Z}$ は

$$\sqrt{n}\ \overline{Z} = \sqrt{n} \cdot \frac{Z_1 + Z_2 + \cdots + Z_n}{n} = \frac{Z_1 + Z_2 + \cdots + Z_n}{\sqrt{n}}$$

というように標準正規分布の和と定数倍でできていますから、正規分布の再生性により正規分布に従います。そこで、$\sqrt{n}\ \overline{Z}$ の平均、分散を計算してみましょう。

$$
\begin{aligned}
E(\sqrt{n}\ \overline{Z}) &= E\left(\frac{Z_1 + Z_2 + \cdots + Z_n}{\sqrt{n}}\right) \\
&= E\left(\frac{Z_1}{\sqrt{n}}\right) + E\left(\frac{Z_2}{\sqrt{n}}\right) + \cdots + E\left(\frac{Z_n}{\sqrt{n}}\right) \\
&= \frac{1}{\sqrt{n}}\{\underbrace{E(Z_1)}_{0} + E(Z_2) + \cdots + E(Z_n)\} \\
&= 0
\end{aligned}
$$

Z_1、Z_2、$\cdots$、Z_n が独立なので、

$$
\begin{aligned}
V(\sqrt{n}\ \overline{Z}) &= V\left(\frac{Z_1 + Z_2 + \cdots + Z_n}{\sqrt{n}}\right) \\
&= V\left(\frac{Z_1}{\sqrt{n}}\right) + V\left(\frac{Z_2}{\sqrt{n}}\right) + \cdots + V\left(\frac{Z_n}{\sqrt{n}}\right) \\
&= \frac{1}{n}V(Z_1) + \frac{1}{n}V(Z_2) + \cdots + \frac{1}{n}V(Z_n)
\end{aligned}
$$

$\left. \right\}$ $Z_1, Z_2, \cdots, Z_n$ が独立なのでOK

$$= \frac{1}{n} \cdot 1 \times n = 1$$

つまり、$\sqrt{n}\,\overline{Z}$ は標準正規分布 $N(0,\ 1^2)$ になります。

ここで、χ^2 分布の再生性について、言及しておきましょう。

確率変数 X が自由度 k の χ^2 分布に従い、Y が自由度 l の χ^2 分布に従うとき、$X+Y$ は自由度 $k+l$ の χ^2 分布に従います。これは χ^2 分布の定義式を見れば分かりますね。χ^2 分布の自由度とは、Z^2 の個数です。

$$X = \underbrace{Z_1^2 + \cdots + Z_k^2}_{k個}、\ Y = \underbrace{Z_{k+1}^2 + \cdots + Z_{k+l}^2}_{l個}、\ X+Y = \underbrace{Z_1^2 + \cdots + Z_{k+l}^2}_{k+l個}$$

となります。

さて、①の式を見てみましょう。

右辺から自由度 n の χ^2 分布に従うことが分かります。

一方、左辺では、T に標準正規分布の2乗 $(\sqrt{n}\,\overline{Z})^2$ を足しています。

標準正規分布の2乗 $(\sqrt{n}\,\overline{Z})^2$ は自由度1の χ^2 分布に従いますから、T は自由度 $n-1$ の χ^2 分布に従っていると考えるのが妥当でしょう。

これが、T が自由度 $n-1$ になる理由です。

テクニック的には、**分散の式で**

$$\mu \quad \rightarrow \quad \overline{X}$$

と置き換えると、自由度が1つ減ると覚えておくのがよいでしょう。

○ t 分布

次に t 分布の定義を紹介しましょう。

┌─ t 分布の定義 ─────────────────────────────────┐

Y、Z が互いに独立な確率変数とする。Y は標準正規分布 $N(0, 1^2)$ に従い、Z は自由度 n の χ^2 分布に従うものとする。

$$X = \frac{Y}{\sqrt{\dfrac{Z}{n}}}$$

とおく。X の分布を、自由度 n の t 分布という。

└──┘

t 分布のグラフは、自由度が小さいほど正規分布のグラフよりつぶれていきます。

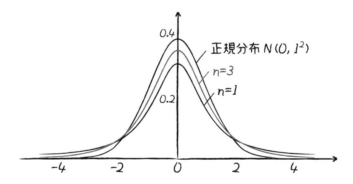

いままで検定・推定の場面で使われてきた t 分布について、定義と照らし合わせて確認してみましょう。

母平均 μ、母分散 σ^2 の正規分布に従う母集団からサイズ n の標本を抽出し、その変量を X_1、X_2、…、X_n とし、それら n 個の平均を $\overline{X}$ とします。

σ が未知のとき、μ を区間推定するときに用いた統計量について説明します。このとき、p.209 の検定、p.252 の推定では、

「統計量 $T = \dfrac{\overline{X} - \mu}{\dfrac{U}{\sqrt{n}}}$ は、自由度 $n - 1$ の t 分布に従う」

ここで、U^2 は不偏分散であり、

$$U = \sqrt{\frac{(X_1 - \overline{X})^2 + (X_2 - \overline{X})^2 + \cdots + (X_n - \overline{X})^2}{n - 1}}$$

という事実を用いました。

やはり、X_i が $N(\mu,\ \sigma^2)$ に従うとき、X_i を標準化した変数を Z_i

とおきます。つまり、$Z_i = \dfrac{X_i - \mu}{\sigma}$ です。また、p.274 で計算したように、

$\overline{Z} = \dfrac{\overline{X} - \mu}{\sigma}$ となります。すると、T を整理して、

$$T = \frac{\overline{X} - \mu}{\dfrac{U}{\sqrt{n}}} = \frac{\sqrt{n}\,(\overline{X} - \mu)}{U}$$

分子は、

$$\sqrt{n}\,(\overline{X} - \mu) = \sqrt{n}\,\sigma\overline{Z} = \sigma\sqrt{n}\,\overline{Z}$$

分母は、

$$U = \sqrt{\frac{(X_1 - \overline{X})^2 + (X_2 - \overline{X})^2 + \cdots + (X_n - \overline{X})^2}{n - 1}}$$

$$= \sigma\sqrt{\frac{(X_1 - \overline{X})^2 + (X_2 - \overline{X})^2 + \cdots + (X_n - \overline{X})^2}{\sigma^2(n - 1)}}$$

です。分母分子で σ をキャンセルすると、

$$T = \frac{\sqrt{n}\,\overline{Z}}{\sqrt{\dfrac{(X_1 - \overline{X})^2 + (X_2 - \overline{X})^2 + \cdots + (X_n - \overline{X})^2}{\sigma^2(n - 1)}}}$$

ここで、

$\sqrt{n}\,\overline{Z}$ は標準正規分布 $N(0,\ 1^2)$ に従い、

$\dfrac{(X_1-\overline{X})^2+(X_2-\overline{X})^2+\cdots+(X_n-\overline{X})^2}{\sigma^2}$ は、自由度 $n-1$ の χ^2 分布

に従います。これが、T が自由度 $n-1$ の t 分布に従う理由です。

○ F 分布

次に F 分布の定義を述べてみましょう。

> **F 分布の定義**
>
> Y、Z を互いに独立な確率変数とする。Y は自由度 m の χ^2 分布、Z は自由度 n の χ^2 分布に従うものとする。
>
> $$X=\frac{\left(\dfrac{Y}{m}\right)}{\left(\dfrac{Z}{n}\right)}$$
>
> とおく。X が従う分布を、自由度 $(m,\ n)$ の F 分布という。

等分散検定のときに用いた統計量が F 分布に従うことを確かめてみましょう。

母集団 A から取り出した m 個の標本を X_1、X_2、$\cdots$、X_m
母集団 B から取り出した n 個の標本を Y_1、Y_2、$\cdots$、Y_n

とします。このとき、A の分散 σ_X^2 と B の分散 σ_Y^2 が等しいことを検定するために、

$$\text{統計量 } T = \frac{U_X^{\,2}}{U_Y^{\,2}}$$

を考えました。ここで、$U_X^{\,2}$、$U_Y^{\,2}$ は不偏分散です。

$$U_X^{\,2} = \frac{(X_1 - \overline{X})^2 + (X_2 - \overline{X})^2 + \cdots + (X_m - \overline{X})^2}{m-1}$$

$$U_Y^{\,2} = \frac{(Y_1 - \overline{Y})^2 + (Y_2 - \overline{Y})^2 + \cdots + (Y_n - \overline{Y})^2}{n-1}$$

等分散検定のときに用いたのは次の事実です。

「$\sigma_X^{\,2} = \sigma_Y^{\,2}$ の仮定のもとで、

$$\text{統計量 } T = \frac{U_X^{\,2}}{U_Y^{\,2}} \text{ は、自由度}(m-1,\ n-1)\text{の } F \text{ 分布に従う」}$$

　帰無仮説より X の分散と Y の分散は等しいと仮定したので、ともに σ とおきます。T を変形して、

$$T = \frac{\left(\dfrac{(X_1 - \overline{X})^2 + (X_2 - \overline{X})^2 + \cdots + (X_m - \overline{X})^2}{m-1} \right)}{\left(\dfrac{(Y_1 - \overline{Y})^2 + (Y_2 - \overline{Y})^2 + \cdots + (Y_n - \overline{Y})^2}{n-1} \right)}$$

$$= \frac{\left(\dfrac{(X_1 - \overline{X})^2 + (X_2 - \overline{X})^2 + \cdots + (X_m - \overline{X})^2}{\sigma^2(m-1)} \right)}{\left(\dfrac{(Y_1 - \overline{Y})^2 + (Y_2 - \overline{Y})^2 + \cdots + (Y_n - \overline{Y})^2}{\sigma^2(n-1)} \right)}$$

とします。ここで、

$$\frac{(X_1 - \overline{X})^2 + (X_2 - \overline{X})^2 + \cdots + (X_m - \overline{X})^2}{\sigma^2} \ 、\ \frac{(Y_1 - \overline{Y})^2 + (Y_2 - \overline{Y})^2 + \cdots + (Y_n - \overline{Y})^2}{\sigma^2}$$

は、それぞれ自由度 $m-1$、自由度 $n-1$ の χ^2 分布に従います。ですから、T は自由度$(m-1,\ n-1)$の F 分布に従います。

COLUMN 自由度

統計学の本で自由度についてきちんと定義している本は、あまり見かけません。ですから、ここでも定義をきちんと述べるというよりも、みなさんに自由度のイメージを掴んでもらうように説明していきましょう。

自由度とは、

自由に動かすことができる変数の個数

と理解しておくのがよいでしょう。

例えば、x、y の2変数で、x と y に全く関係が無いとき自由度は2です。

もしも、x と y の間に、

$$x + y = 1$$

という関係があるとしましょう。

すると、x の値を決めれば y の値が決まります。

例えば、$x = 2$ とすれば、$y = -1$ という具合です。x は自由に決めることができますが、y は x の値に対して1つに定まりますから、x の値を自由に決めることはできても、このとき y の値を自由に決めることはできません。

また、逆に、y の値を決めれば、x の値が決まります。$y = 3$ とすれば、$x = -2$ になります。y を自由に決めることはできても、x の値を自由に決めることはできないのです。

いずれにしろ、自由に決めることができる変数の個数は1個です。ですから、このとき自由度は1となるのです。

変数が3個の場合も示してみましょう。

　　x、y、z の 3 変数について、x、y、z に全く関係が無いときは、自由度は 3 です。

　　もしも x、y、z の間に

$$x + y + z = 1$$

という関係があるとしましょう。

　　例えば、$x = 2$、$y = 3$ とすれば、$z = -4$ となります。

　　$x = -1$、$z = -2$ とすれば、$y = 4$ となります。

　　x、y、z のうち勝手に 2 つを選んで、その値を定めると、残りの 1 つの変数の値が定まることは分かると思います。

　　つまり、$x + y + z = 1$ という条件のもとでは、自由に動かすことができる変数の個数が 2 個なので、x、y、z の自由度は 2 であることが分かります。

　　x、y の 2 変数のときと x、y、z の 3 変数のときの例から分かるように、条件式が 1 つ加わると自由度が 1 だけ減るのです。

　　もしも x、y、z の間に、

$$\begin{cases} x + y + z = 1 \\ x + 2y + 3z = 2 \end{cases}$$

という関係があるとしましょう。

　　この場合、例えば z の値を決めると、上を満たす x、y は、連立方程式

$$\begin{cases} x + y = 1 - z \\ x + 2y = 2 - 3z \end{cases}$$

を解いて求めることができます。つまり、z を決めるとそれに対応する x、y が決まるのです。自由に決めることができる変数は 1 個ですから x、y、z の自由度は 1 個です。

　もともと自由度が3個であったところに、2つの条件が加わったので、自由度が2個減って1になったわけです。

　x、y、z のうちから1つを選んで、その値を決めると、残りの2つの変数の値が定まるのです。

　ここで、$x + y = 1$、$x + y + z = 1$ が表すものが何であるかを考えてみましょう。

　$x + y = 1$ は、xy 座標平面上の直線を表していました。A$(1, 0)$、B$(0, 1)$ という点を通ります（図1）。この直線を l とします。l は直線ですから1次元です。この「1」は、x、y が $x + y = 1$ を満たすときの自由度1と一致しています。

　$x + y + z = 1$ は、xyz 座標空間中に浮いている平面を表しています。つまり、この式を満たす (x, y, z) の例をたくさん集めて xyz 座標空間中で座標をとると、それらはすべて平面上に乗るのです。

　一般に、$ax + by + cz + d = 0$ は、xyz 座標空間中の「ある平面」を表すことが知られています。

　$x + y + z = 1$ が表す平面は、C$(1, 0, 0)$、D$(0, 1, 0)$、E$(0, 0, 1)$ を通ります（図2）。この平面を π とします。π は平面ですから2次元です。この「2」は、x、y、z が $x + y + z = 1$ を満たすときの自由度2と一致しています。

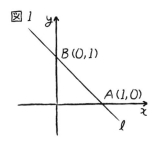

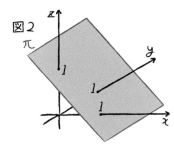

$x + 2y + 3z = 2$ が表す平面を π' とすれば、

$$\begin{cases} \pi : x + y + z = 1 \\ \pi' : x + 2y + 3z = 2 \end{cases}$$

を同時に満たす $(x,\ y,\ z)$ は、平面 π と平面 π' が交わってできる直線（交線）の上にあります。この直線を l' とします。この l' は直線ですから 1 次元です。この「1」は、x、y、z が $x + y + z = 1$、$x + 2y + 3z = 2$ を満たすときの自由度の 1 に等しくなります。

　つまり、**自由度というのは、条件を満たす $(x,\ y)$ あるいは $(x,\ y,\ z)$ が動きうる領域の次元の数**なのです。このことは拙著、『まずはこの一冊から　意味がわかる線形代数』を読んでいただくとさらに理解が深まります。

　このことを踏まえて、χ^2 分布の自由度について説明してみましょう。
「母平均 μ、母分散 σ^2 の母集団から n 個を抽出したその変量を X_1、X_2、…、X_n とすると、

$$統計量\ T = \frac{(X_1 - \mu)^2 + (X_2 - \mu)^2 + \cdots + (X_n - \mu)^2}{\sigma^2}\ は、$$

自由度 n の χ^2 分布に従う」
といった場合、n 個の変数 $X_1 - \mu$、…、$X_n - \mu$ はすべて自由にとることができますから、自由度は n です。
　一方、
「母平均 μ、母分散 σ^2 の母集団から n 個を抽出したその変量を X_1、X_2、…、X_n とすると、

$$統計量\ T = \frac{(X_1 - \overline{X})^2 + (X_2 - \overline{X})^2 + \cdots + (X_n - \overline{X})^2}{\sigma^2}\ は、$$

自由度 $n - 1$ の χ^2 分布に従う」

の場合は、n 個の変数 $X_1 - \overline{X}$、$\cdots$、$X_n - \overline{X}$ の間には、

$$(X_1 - \overline{X}) + \cdots + (X_n - \overline{X})$$
$$= (X_1 + \cdots + X_n) - n\overline{X} = (X_1 + \cdots + X_n) - (X_1 + \cdots + X_n) = 0$$

という関係式がありますから、n から自由度が 1 個減って、

　自由度 $n - 1$ となるのです。

　とまあ、自由度を線形代数の次元と捉えた上で解説している本が多く見受けられます。

　また、式を用いないで説明しようとするあまり、「平均を推定するために情報が 1 個減るので、自由度が 1 個減る」などと解説をしているものもあります。

　このようなあいまいな説明をするのであれば、

$$\mu \quad \rightarrow \quad \overline{X}$$

と置き換えると、自由度が 1 減るという結果だけを便法として覚えた方がよいでしょう。

　ただ、t 分布、F 分布に関しての自由度は、t 分布、F 分布の定義の中で規定されているものですから、上の説明での自由度 n、自由度 $n - 1$ を確認するためには、本来の定義に即して自由度を解釈していかなければなりません。

　それでも、自由度という言葉を線形代数の次元にすりかえて説明することが多いのは、その説明が簡潔で分かり易いからでしょう。

ポアソン分布

　ポアソン分布と呼ばれる確率分布を紹介しましょう。

　「1 日あたりの交通事故の件数」や「1 ページあたりの誤植の個数」は、ポアソン分布で近似できます。稀にしか起こらないことが、単位時間当たり、単位空間当たり何回起こるかの統計をとったとき、そのデータの相対度数は、ポアソン分布で近似できることが多いのです。

　「1 ページ当たりの誤植の個数」を例にとって説明してみましょう。

　下の表をご覧ください。1 の下の 270 は、誤植が 1 個あったページが 270 ページであったことを表しています。調べたページは全部で 1000 ページです。

誤植数	0	1	2	3	4	5	計
ページ数	120	270	280	190	100	40	1000

　これをもとに誤植数の平均を計算してみましょう、

$$0 \times \frac{120}{1000} + 1 \times \frac{270}{1000} + 2 \times \frac{280}{1000} + 3 \times \frac{190}{1000}$$

$$+ 4 \times \frac{100}{1000} + 5 \times \frac{40}{1000}$$

$$= \frac{0 + 270 + 560 + 570 + 400 + 200}{1000} = \frac{2000}{1000} = 2$$

平均は 2 個となります。

　すると、この分布は、平均の「2」を用いて、

$$P(X = k) = \frac{2^k e^{-2}}{k!} \quad (k = 0、1、2、\cdots)$$

という式で近似できるのです。これをポアソン分布といいます。

　X の値は誤植の個数ですから、0、1、2、3、…という整数しかとりえません。X は離散型の確率変数です。もしも平均値が3であれば、前頁の下の式で2のところ（2か所ある）を3に置き換えます。

　e はネイピア数と呼ばれる定数で、$e = 2.71828\cdots$ と続く数です。

　e^k は、e の k 乗の意味です。e^3 であれば、$e^3 = e \times e \times e$ を表します。$k!$ は、k の階乗を表し、

$$3! = 3 \cdot 2 \cdot 1 \qquad 4! = 4 \cdot 3 \cdot 2 \cdot 1$$

と1から k までの数をすべて掛けた数を表します。ただし、0の階乗は、$0! = 1$ と定めます。

　左頁の表の下に $P(X = 0)$、$P(X = 1)$、…を書き込んでみましょう。

$$P(X = 0) = \frac{2^0 \cdot e^{-2}}{0!} \fallingdotseq 0.135、\quad P(X = 1) = \frac{2^1 e^{-2}}{1!} \fallingdotseq 0.271$$

などと計算して、

誤植数(k)	0	1	2	3	4	5
ページ数（実現値）	120	270	280	190	100	40
$P(X = k)$	0.135	0.271	0.271	0.180	0.090	0.036
ページ数（理論値）	135	271	271	180	90	36

　実際の相対度数を度数折れ線グラフで表し、その上にポアソン分布から割り出した相対度数を重ねてみましょう。

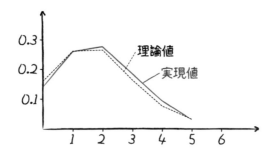

折れ線がほぼ重なる様子が見てとれると思います。

実は、確率変数 X がポアソン分布

$$P(X = k) = \frac{\lambda^k}{k!}\, e^{-\lambda}\,(k = 0,\ 1,\ 2,\ \cdots)\cdots\cdots\text{☆}$$

に従うとき、その平均、分散は

$$E(X) = \lambda \quad V(X) = \lambda$$

になります。ですから、☆を平均 λ のポアソン分布といいます。

　上の例ではデータから平均値を計算し、それをポアソン分布の式に代入して分布のモデルを作ったわけです。

　このように、ポアソン分布は、稀にしか起こらないことが何回起こるかを調べたデータのモデルになります。

　現実的な応用としては、

　「不良品の発生件数を予測して工程管理をする」

　「事故の発生件数を予測して混雑緩和の方策を立てる」

　「大型物件の販売件数を予測して在庫管理をする」

などがあります。

　不良品の発生件数、事故の発生件数、大型物件の販売件数など、稀にしか起こらないことをポアソン分布で予測するわけです。

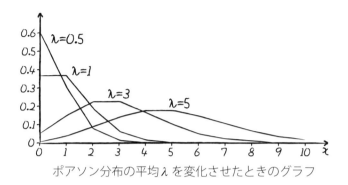

ポアソン分布の平均 λ を変化させたときのグラフ

　さて、正規分布・二項分布以外の確率分布を紹介しようということでポアソン分布を紹介しました。それでも正規分布と縁は切れないのです。平均 λ を一定にして資料数を大きくしていくと、二項分布はポアソン分布に近づいていきます。

　つまり、二項分布 $Bin(n,\ p)$ の式の $P(X=k)={}_nC_k\,p^k(1-p)^{n-k}$ で、

p を $\dfrac{\lambda}{n}$ に置き換え、λ を固定したまま n を大きくしていくと、

$$ {}_nC_k\left(\frac{\lambda}{n}\right)^k\left(1-\frac{\lambda}{n}\right)^{n-k}\quad\rightarrow\quad\frac{\lambda^k}{k!}\,e^{-\lambda} $$

となるのです。

　また、ポアソン分布で λ が大きくなるに従って、分布のグラフは、平均 λ、分散 λ の正規分布のグラフに近づいていきます。

λ=1のとき

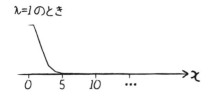

λ=3のとき

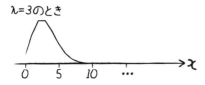

λ=10のとき

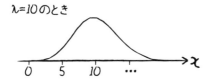

1　2変量の統計

第 **3** 章

UNIT

1 2変量の統計

1-1 | 関係の深さを数値で表す
──相関係数の定義と意味

2変量のデータを分析しましょう。

　1章、2章では、データに含まれる個体が1つの変量を持つときの統計について扱いました。この3章では、データに含まれる個体が2つの変量の場合について紹介しましょう。

　　2変量のデータの例としては、
　　50代女性のコレステロール値(x)とBMI指数(y)
　　世界の国々の人口(x)とGDP(y)、
　　ある農地10ヘクタールでの肥料(x)と収穫高(y)、
　　立川駅のワンルームマンションの家賃(x)と築年数(y)
　　……

などです。

　変量をx、yとすると、データの個体はこれを組み合わせた変量(x, y)を持っています。

　このとき、xとyの関係性を探るのが2変量の統計分析の目的です。

　　　　xとyはどれくらい関係が深いのか

　これを表現する指数が、1節で紹介する相関係数です。

　さらにもう一歩踏み込み、

y を x で表すことはできないか

と考えて、y を表す x の1次式を作ります。これが2節で紹介する回帰直線です。

3章では、2変量の統計について、相関係数と回帰直線を紹介します。

○ 散布図と相関係数

次のデータは、10人のクラスで、国語、算数、理科、社会のテスト（10点満点）を行なったときの結果を表しています。

人	A	B	C	D	E	F	G	H	I	J
国語	5	7	5	4	7	5	8	5	5	9
算数	4	5	5	6	6	7	8	8	9	10
理科	6	5	6	7	8	6	8	9	8	10
社会	9	5	7	5	6	5	5	3	3	2

俗に「理数系」という言葉がありますから、算数ができることとと理科ができることとの間には、何らかの結びつきがあると思われます。このデータを用いて、それについて調べてみましょう。

数値を見ているだけでは分かりませんから、座標平面上に図示してみましょう。

Aの算数の点数が4点、理科の点数が6点なので、それぞれを x 座標、y 座標として、座標平面上に $(4, 6)$ の点に印をつけます。

B以降のデータも、算数の点数を x 座標、理科の点数を y 座標として、座標平面上にプロット（印をつける）していきます。すると、次の図のようになります。

このようにして描いた図を**相関図**または**散布図**（**scattergram**）といいます。

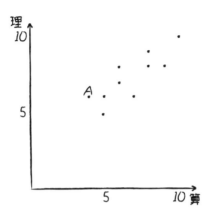

これで算数と理科の点数の関係が一目瞭然になりました。

同様に算数と国語の点数の関係を相関図に表すと次のようになります。

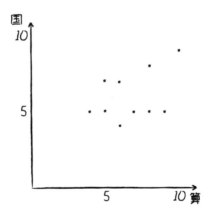

　さて、「算数と理科」、「算数と国語」の2つの相関図を見ると、何となあく「算数と理科」の方が関係が深そうだなあ、という印象を持つのではないでしょうか。でも、説明しろといわれると言葉につまりますね。

　そこで、2つの変量を持つ資料に対して、関係の深さを表す指標を紹介しましょう。それは**相関係数**（correlation coefficient）と呼ばれる指標です。

相関係数を紹介する前に、**共分散 σ_{xy}**（covariance）について説明しましょう。

n 個のデータ x_1、x_2、…、x_n の分散 σ_x^2 は、

$$\sigma_x^2 = \frac{(x_1 - \overline{x})^2 + (x_2 - \overline{x})^2 + \cdots + (x_n - \overline{x})^2}{n}$$

$$\left(\text{ただし、}\overline{x} = \frac{x_1 + x_2 + \cdots + x_n}{n}\right)$$

と計算しました。これは言葉で説明すれば、

偏差の 2 乗和の平均

でした。

これに対し、2 変量 (x, y) を持つ n 個のデータ (x_1, y_1)、(x_2, y_2)、…、(x_n, y_n) の共分散 σ_{xy} は、

$$\sigma_{xy} = \frac{(x_1 - \overline{x})(y_1 - \overline{y}) + (x_2 - \overline{x})(y_2 - \overline{y}) + \cdots + (x_n - \overline{x})(y_n - \overline{y})}{n}$$

$$\left(\text{ただし、}\overline{x} = \frac{x_1 + x_2 + \cdots + x_n}{n}\text{、}\overline{y} = \frac{y_1 + y_2 + \cdots + y_n}{n}\right)$$

と計算します。これを言葉で説明すれば、

x の偏差と y の偏差の積の平均

となります。

この分散・共分散を用いて、相関係数は次のように定義されます。

相関係数の定義

　2変量(x, y)を持つn個の資料が(x_1, y_1)、(x_2, y_2)、…、(x_n, y_n)であるとする。このとき、相関係数rは、

$$r = \frac{\sigma_{xy}}{\sigma_x \, \sigma_y}$$

で定義される。

　これに従って、算数の点数と理科の点数の相関係数を計算してみましょう。

　算数、理科の平均点から計算していきましょう。算数の点数の変量をx、理科の点数の変量をyとします。

$$\bar{x} = \frac{4+5+5+6+6+7+8+8+9+10}{10} = 6.8$$

$$\bar{y} = \frac{6+5+6+7+8+6+8+9+8+10}{10} = 7.3$$

分散・共分散を計算すると、

$$\sigma_x^2 = \{(4 - \overset{\bar{x}}{6.8})^2 + (5 - 6.8)^2 + (5 - 6.8)^2 + (6 - 6.8)^2$$
$$+ (6 - 6.8)^2 + (7 - 6.8)^2 + (8 - 6.8)^2 + (8 - 6.8)^2$$
$$+ (9 - 6.8)^2 + (10 - 6.8)^2\} \div 10$$
$$= \frac{33.6}{10}$$

$$\sigma_y^2 = \{(6 - \overset{\bar{y}}{7.3})^2 + (5 - 7.3)^2 + (6 - 7.3)^2 + (7 - 7.3)^2$$
$$+ (8 - 7.3)^2 + (6 - 7.3)^2 + (8 - 7.3)^2 + (9 - 7.3)^2$$
$$+ (8 - 7.3)^2 + (10 - 7.3)^2\} \div 10$$
$$= \frac{22.1}{10}$$

$$\sigma_{xy} = \{(4-6.8)(6-7.3)+(5-6.8)(5-7.3)+(5-6.8)(6-7.3)$$

$$+(6-6.8)(7-7.3)+(6-6.8)(8-7.3)+(7-6.8)(6-7.3)$$

$$+(8-6.8)(8-7.3)+(8-6.8)(9-7.3)+(9-\underset{\overline{x}}{6.8})(8-\underset{\overline{y}}{7.3})$$

$$+(10-6.8)(10-7.3)\} \div 10$$

$$= \frac{22.6}{10}$$

　これをもとにして、算数と理科の点数の相関係数を求めます。相関係数の分母では、分散 $\sigma_x^{\,2}$ ではなく、標準偏差 σ_x になっていることに注意しましょう。

$$r = \frac{\sigma_{xy}}{\sigma_x \sigma_y} = \frac{\dfrac{22.6}{10}}{\sqrt{\dfrac{33.6}{10}}\sqrt{\dfrac{22.1}{10}}} = \frac{\dfrac{22.6}{\cancel{10}}}{\dfrac{1}{10}\sqrt{33.6}\sqrt{22.1}} = \frac{22.6}{\sqrt{33.6}\sqrt{22.1}} = 0.829$$

　定義通りに計算すると、上の通りです。

　上の計算式を見ると、分母から $\sqrt{10}$ が2つ出てきて、分子にあった10 とうまくキャンセルされましたね。

　このようなことを見越して、相関係数の式を定義しておく場合もあります。その場合の定義式は、次のようになります。

$$r = \frac{(x_1-\overline{x})(y_1-\overline{y})+\cdots+(x_n-\overline{x})(y_n-\overline{y})}{\sqrt{(x_1-\overline{x})^2+\cdots+(x_n-\overline{x})^2}\,\sqrt{(y_1-\overline{y})^2+\cdots+(y_n-\overline{y})^2}}$$

　今度は、この式を用いて、算数と国語の相関係数を計算してみましょう。算数の点数の変量を x、国語の点数の変量を y とします。

$$\underset{①}{\underbrace{\frac{\overset{③}{\overbrace{(x_1-\overline{x})(y_1-\overline{y})+(x_2-x)(y_2-\overline{y})+\cdots+(x_n-\overline{x})(y_n-\overline{y})}}}{\underset{①}{\underbrace{\sqrt{(x_1-\overline{x})^2+(x_2-\overline{x})^2+\cdots+(x_n-\overline{x})^2}}}\,\underset{②}{\underbrace{\sqrt{(y_1-\overline{y})^2+(y_2-\overline{y})^2+\cdots+(y_n-\overline{y})^2}}}}}}$$

というように、①から③をおくと、

$$\overline{x} = 6.8$$

$$\overline{y} = \frac{5 + 7 + 5 + 4 + 7 + 5 + 8 + 5 + 5 + 9}{10} = 6$$

$$① = (4 - 6.8)^2 + (5 - 6.8)^2 + (5 - 6.8)^2 + (6 - 6.8)^2 + (6 - 6.8)^2$$
$$+ (7 - 6.8)^2 + (8 - 6.8)^2 + (8 - 6.8)^2 + (9 - 6.8)^2 + (10 - 6.8)^2$$
$$= 33.6$$

$$② = (5 - 6)^2 + (7 - 6)^2 + (5 - 6)^2 + (4 - 6)^2 + (7 - 6)^2$$
$$+ (5 - 6)^2 + (8 - 6)^2 + (5 - 6)^2 + (5 - 6)^2 + (9 - 6)^2$$
$$= 24$$

$$③ = (4 - 6.8)(5 - 6) + (5 - 6.8)(7 - 6) + (5 - 6.8)(5 - 6)$$
$$+ (6 - 6.8)(4 - 6) + (6 - 6.8)(7 - 6) + (7 - 6.8)(5 - 6)$$
$$+ (8 - 6.8)(8 - 6) + (8 - 6.8)(5 - 6) + (9 - 6.8)(5 - 6)$$
$$+ (10 - 6.8)(9 - 6)$$
$$= 12$$

なので、

$$r = \frac{③}{\sqrt{①}\sqrt{②}} = \frac{12}{\sqrt{33.6}\sqrt{24}} \fallingdotseq 0.423$$

となります。

　算数と理科の点数の相関係数と、算数と国語の点数の相関係数とを比べて、算数と理科との方が相関係数が大きいので、算数と理科の方が科目間の関係が深い、と判断します。

　算数と社会の相関係数も計算してみましょう。また、上の2つの方法とは違った計算方法で実行してみましょう。

　1章では、データの分散 σ_x^2 について、

$$\sigma_x^{\,2} = \overline{x^2} - (\overline{x})^2$$

という公式を紹介しました。ここで、$\overline{x^2}$ は変量 x の 2 乗平均を表していました。

x、y の共分散 σ_{xy} について、実は、

$$\sigma_{xy} = \overline{xy} - \overline{x}\,\overline{y}$$

という式が成り立ちます。ここで、$\overline{xy}$ は x と y の積の平均

$$\overline{xy} = \frac{x_1 y_1 + x_2 y_2 + \cdots + x_n y_n}{n}$$

を表しています。

この分散・共分散の計算式を用いて、算数と社会の相関係数を計算してみましょう。算数の点数の変量を x、社会の点数の変量を y とします。

$$\sigma_x^{\,2} = \overline{x^2} - (\overline{x})^2$$

$$= \frac{4^2 + 5^2 + 5^2 + 6^2 + 6^2 + 7^2 + 8^2 + 8^2 + 9^2 + 10^2}{10} - (6.8)^2$$

$$= 49.6 - 46.24 = 3.36$$

$$\sigma_y^{\,2} = \overline{y^2} - (\overline{y})^2$$

$$= \frac{9^2 + 5^2 + 7^2 + 5^2 + 6^2 + 5^2 + 5^2 + 3^2 + 3^2 + 2^2}{10}$$

$$- \left(\frac{9 + 5 + 7 + 5 + 6 + 5 + 5 + 3 + 3 + 2}{10} \right)^2$$

$$= 28.8 - 5^2 = 3.8$$

$$\sigma_{xy} = \overline{xy} - \overline{x}\,\overline{y}$$

$$= \frac{4 \cdot 9 + 5 \cdot 5 + 5 \cdot 7 + 6 \cdot 5 + 6 \cdot 6 + 7 \cdot 5 + 8 \cdot 5 + 8 \cdot 3 + 9 \cdot 3 + 10 \cdot 2}{10}$$

$$- 6.8 \cdot 5$$

$$= 30.8 - 34 = -3.2$$

$$r = \frac{\sigma_{xy}}{\sigma_x \, \sigma_y} = \frac{-3.2}{\sqrt{3.36}\,\sqrt{3.8}} \fallingdotseq -0.896$$

相関係数が負になってしまいました。

いままで計算した相関図と相関係数をまとめてみましょう。

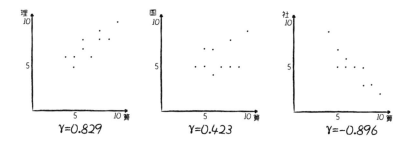

　相関係数の符号が負であるということは、点の分布が右下がりだということなのです。

　実は、相関係数 r は、どんな場合でも、

$$-1 \leqq r \leqq 1$$

を満たします。相関係数が－1以上1以下になる理由は、コラム(p.311)で述べましょう。

ここで、相関係数の読み方をまとめておきます。

┌─ 相関係数の読み方 ─────────────────────────┐

[相関係数の絶対値]

　相関係数の絶対値(符号をとった値、－ 0.5 ならば 0.5 のこと。0.3 ならそのまま 0.3)は、どれだけ直線に近いかを表す。

　絶対値が 1 に近ければ、相関図における点の分布は直線に近い。

　絶対値が 0 に近ければ、相関図における点の分布は広がっている。

[相関係数の符号]

　相関係数の符号は、右上がりか、右下がりかを表す。

　符号が正であれば、相関図における点の分布は右上がり。

　符号が負であれば、相関図における点の分布は右下がり。

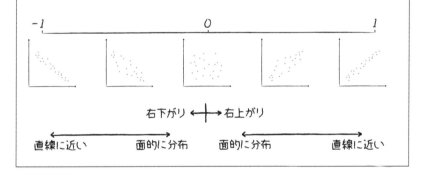

└──────────────────────────────────────┘

　ここで注意しなければならないのは、相関係数の絶対値は、直線の傾きとは関係ないということです。もしも次の図のように分布している 2 つの資料があったとします。このとき、どちらも資料を表す点の分布は直線上にあり、その直線は右上がりですから、相関係数は 1 です。

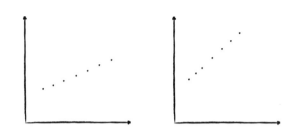

　直線の傾きは右図の方が大きいですが、そのことは相関係数には影響しません。相関係数の絶対値は、あくまで直線に近いか遠いかを表す指標なのです。たしかに、相関係数の符号は、分布の直線の傾きの符号に一致します。だからといって、直線の傾きの絶対値は相関係数とは関係ありません。

　相関図と相関係数の関係が感覚的に掌握できているかを次の問題で試してみましょう。

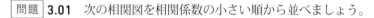

問題 **3.01**　次の相関図を相関係数の小さい順から並べましょう。

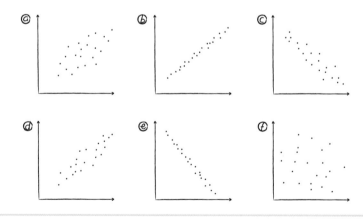

　分布が右下がりになっているものは、ⓒ、ⓔ
これらは相関係数が負です。

　分布が右上がりになっているものは、ⓐ、ⓑ、ⓓ。
これらは相関係数が正です。

　右上がりにも右下がりにも見えないものは、ⓕ

　相関係数が負のものは直線に近いものから順に、相関係数が正のものは
直線に遠いものから順に並べます。

$$ⓔ、ⓒ、ⓕ、ⓐ、ⓓ、ⓑ$$

　ここで、相関係数の符号を読むと、分布が右上がりであるか右下がりで
あるかが分かる理由を説明しておきましょう。

　相関係数の式、

$$r = \frac{(x_1 - \overline{x})(y_1 - \overline{y}) + \cdots + (x_n - \overline{x})(y_n - \overline{y})}{\sqrt{(x_1 - \overline{x})^2 + \cdots + (x_n - \overline{x})^2} \ \sqrt{(y_1 - \overline{y})^2 + \cdots + (y_n - \overline{y})^2}}$$

で説明しましょう。

　分母は、$\sqrt{}$ の式ですから、どちらも符号は正になります。ですから、こ
の式の符号は分子だけによります。分子の符号を調べてみましょう。

　分子は、偏差の積 $(x_i - \overline{x})(y_i - \overline{y})$ の和です。

　そこで、偏差の積 $(x_i - \overline{x})(y_i - \overline{y})$ の符号を調べてみましょう。

　次頁の図のように、$x = \overline{x}$ と $y = \overline{y}$ の直線を引き、座標平面を4つの領
域に分け、それぞれを A、B、C、D とします。

　A、B、C、Dにある点について、$(x_i - \overline{x})(y_i - \overline{y})$の符号を調べてみましょう。$(x_i - \overline{x})$、$(y_i - \overline{y})$は、変量$x$、$y$についてのそれぞれの偏差を表します。

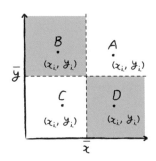

　Aでは、x_iより$\overline{x}$の方が小さいので、$x_i - \overline{x}$の符号は正
　　　　　y_iより$\overline{y}$の方が小さいので、$y_i - \overline{y}$の符号は正
　よって、$(x_i - \overline{x})(y_i - \overline{y})$は正×正で、正になります。
　Bでは、x_iより$\overline{x}$の方が大きいので、$x_i - \overline{x}$の符号は負
　　　　　y_iより$\overline{y}$の方が小さいので、$y_i - \overline{y}$の符号は正
　よって、$(x_i - \overline{x})(y_i - \overline{y})$は負×正で、負になります。
　同様に計算すると、$(x_i - \overline{x})(y_i - \overline{y})$の符号は、

A、Cで正、B、Dで負

になります。

　つまり、相関図にxの平均、yの平均の線を引き、
　　右上と左下の部分（白い部分）に点があるときは、

$(x_i - \overline{x})(y_i - \overline{y})$の符号は正、

　　右下と左上の部分（アカい部分）に点があるときは、

$(x_i - \overline{x})(y_i - \overline{y})$の符号は負

になります。

　分子は、これらの総和ですから、ざっくりいって、

　　　　白い部分に点が多く分布する場合は正

　　　　アカい部分に点が多く分布する場合は負

になります。

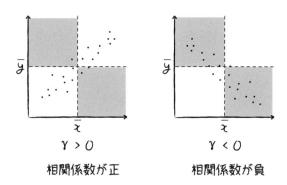

$$\gamma > 0$$
相関係数が正

$$\gamma < 0$$
相関係数が負

| 相関係数の計算式 |

　2変量(x, y)を持つn個の資料が(x_1, y_1)、(x_2, y_2)、…、(x_n, y_n)であるとする。

① xの標準偏差をσ_x、yの標準偏差をσ_y、x、yの共分散をσ_{xy}とすると、相関係数rは、

$$r = \frac{\sigma_{xy}}{\sigma_x \sigma_y}$$

② $r = \dfrac{(x_1 - \bar{x})(y_1 - \bar{y}) + (x_2 - \bar{x})(y_2 - \bar{y}) + \cdots + (x_n - \bar{x})(y_n - \bar{y})}{\sqrt{(x_1 - \bar{x})^2 + (x_2 - \bar{x})^2 + \cdots + (x_n - \bar{x})^2}\ \sqrt{(y_1 - \bar{y})^2 + (y_2 - \bar{y})^2 + \cdots + (y_n - \bar{y})^2}}$

　　（ただし、$\bar{x} = \dfrac{x_1 + x_2 + \cdots + x_n}{n}$、$\bar{y} = \dfrac{y_1 + y_2 + \cdots + y_n}{n}$）

③ $r = \dfrac{\overline{xy} - \bar{x}\,\bar{y}}{\sqrt{\overline{x^2} - (\bar{x})^2}\ \sqrt{\overline{y^2} - (\bar{y})^2}}$　（ただし、$\overline{xy} = \dfrac{x_1 y_1 + x_2 y_2 + \cdots + x_n y_n}{n}$）

┌─ 相関係数の読み方 ─────────────────────────┐

○ **相関係数の絶対値**

　絶対値が 1 に近ければ、相関図における点の分布は直線に近い。

　絶対値が 0 に近ければ、相関図における点の分布は広がっている。

○ **相関係数の符号**

　符号が正であれば、相関図における点の分布は右上がり。

　符号が負であれば、相関図における点の分布は右下がり。

└──────────────────────────────────────┘

相関係数を求める練習をしてみましょう。

問題 **3.02**　x、y についての 2 変量のデータが以下の表のようであるとき、変量 x、y についての相関係数を求めてください。

x	3	5	6	6	10
y	4	6	5	7	8

---

②の求め方と③の求め方、2 通りの方法で求めてみましょう。

［②の公式を用いる］

初めに変量 x、y の平均を計算しておきます。

$$\bar{x} = \frac{3+5+6+6+10}{5} = 6、\bar{y} = \frac{4+6+5+7+8}{5} = 6$$

相関係数の公式は

$$r = \frac{(x_1 - \bar{x})(y_1 - \bar{y}) + (x_2 - \bar{x})(y_2 - \bar{y}) + \cdots + (x_n - \bar{x})(y_n - \bar{y})}{\sqrt{(x_1 - \bar{x})^2 + (x_2 - \bar{x})^2 + \cdots + (x_n - \bar{x})^2} \sqrt{(y_1 - \bar{y})^2 + (y_2 - \bar{y})^2 + \cdots + (y_n - \bar{y})^2}}$$

ですから、ここに直接、数値を代入してもよいですが、$x_i - \bar{x}$、$y_i - \bar{y}$ などそれぞれ 2 回出てきますから、予めこれを計算しておきましょう。

x_i	3	5	6	6	10
$x_i - \bar{x}$	-3	-1	0	0	4
y_i	4	6	5	7	8
$y_i - \bar{y}$	-2	0	-1	1	2

これを用いて、

$$r = \frac{(-3)(-2) + (-1) \cdot 0 + 0(-1) + 0 \cdot 1 + 4 \cdot 2}{\sqrt{(-3)^2 + (-1)^2 + 0^2 + 0^2 + 4^2} \ \sqrt{(-2)^2 + 0^2 + (-1)^2 + 1^2 + 2^2}}$$

$$= \frac{14}{\sqrt{26} \ \sqrt{10}} \fallingdotseq 0.8682$$

[③の公式を用いる]

$\bar{x}$、$\bar{y}$ の他に $\overline{x^2}$、$\overline{y^2}$ を計算しておきます。

						計
x_i	3	5	6	6	10	30
x_i^2	9	25	36	36	100	206
y_i	4	6	5	7	8	30
y_i^2	16	36	25	49	64	190
$x_i y_i$	12	30	30	42	80	194

これより、

$$\bar{x} = \frac{30}{5} = 6, \ \overline{x^2} = \frac{206}{5}, \ \bar{y} = \frac{30}{5} = 6, \ \overline{y^2} = \frac{190}{5}, \ \overline{xy} = \frac{194}{5}$$

　ここで、公式

$$r = \frac{\overline{xy} - \overline{x}\,\overline{y}}{\sqrt{\overline{x^2} - (\overline{x})^2}\,\sqrt{\overline{y^2} - (\overline{y})^2}}$$

に代入します。

$$r = \frac{\dfrac{194}{5} - 6^2}{\sqrt{\dfrac{206}{5} - 6^2}\,\sqrt{\dfrac{190}{5} - 6^2}} = \frac{\dfrac{14}{5}}{\sqrt{\dfrac{26}{5}}\,\sqrt{\dfrac{10}{5}}} = \frac{14}{\sqrt{26}\,\sqrt{10}} \fallingdotseq 0.8682$$

○相関関係と因果関係

　最後に相関係数の解釈について重要な注意を促しておきます。

　相関係数を用いて知ることができる事実は**相関関係**（correlation）であり、**因果関係**（causation）ではありません。

　2つの変量に相関関係があるとは、一方の変量が増減すれば、それにつれて一方の変量が増減する傾向を表しているにすぎません。

　例えば、アイスクリームの売上とクーラーの売上は、正の相関関係がありますが因果関係があるとはいえません。気温が上昇すると、アイスクリームの売上が大きく、クーラーの売上も大きくなるのです。

　気温とアイスクリームの売上は、気温が上がることが原因で、アイスクリームの売上が増えることが結果ですから因果関係です。気温とクーラーの売上も因果関係です。しかし、アイスクリームの売上が増えることが原因でクーラーの売上が増えるわけではありませんから、アイスクリームの売上とクーラーの売上は因果関係ではありません。

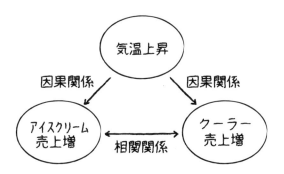

　相関関係があるからといって因果関係があるとは限りませんが、因果関係がある場合は相関関係にも表れてくるでしょう。ですから、因果関係を見極めたい人は、まずは相関関係を調べることになります。

　しかし、相関関係があることから簡単に因果関係があることを結論することはできません。そのためには様々な検証が必要です。相関関係があることが分かっても、現象の裏にあるメカニズムが分かったことにはならないのです。

○相関係数は単位のとり方によらない

　相関係数の計算の仕方やその数値の意味するところは、ここまでで十分に分かっていただけたものと思います。ここで、相関係数の大切な性質を紹介しましょう。

　相関係数の指標としてのすばらしさは、変量の単位のとり方によらずに値が定まるところです。

　例えば、身長と体重の関係を調べた資料に関して、変量 x を身長、y を体重としたとき、x の単位を cm、y の単位を kg としてとったときの x と y の相関係数と、x の単位を m、y の単位を g でとったときの x と y の相関係数は等しくなります。

　これは、100cm ＝ 1m、200cm ＝ 2m というように、x の単位を cm にしたときの数値は、m にしたときの 100 倍、と定数倍の数値になっているか

らです。y の単位の換算についても定数倍になっています。このようなときは、相関係数は変わりません。

　また、温度と花粉の飛散量を調べた資料に関して、変量 x を温度、y を花粉の量としたとき、x の単位を摂氏（℃）、y の単位を g としてとったときの x と y の相関係数と、x の単位を華氏（℉）、y の単位を t でとったときの x と y の相関係数は等しくなります。これは、摂氏（℃）と華氏（℉）の間には、

$$華氏（℉）＝ 1.8 \times 摂氏（℃）＋ 32$$

という 1 次の関係式があるからです。

　相関係数は、変量に一律に定数倍や定数を足しても不変なのです。ですから、m と cm、kg と g、摂氏（℃）と華氏（℉）といった 1 次式で表される関係にある単位の換算については、相関係数はその単位のとり方によらず定まります。この性質は、相関係数が 2 つの属性の本質的な関係を表しているからではないでしょうか。相関係数が指標として優れている点の 1 つであるといえるでしょう。

　数式でまとめておくと次のようになります。

　変量 x、y に対して、変量 X、Y が 1 次の関係にあるとき、つまり

$$X = a(x + b)、\quad Y = c(y + d) \qquad (a,\ b,\ c,\ d は定数、ac > 0)$$

という関係があるとき、x と y の相関係数と X、Y の相関係数が等しくなります。

　もともと変量に定数を足したところで分散・標準偏差・共分散は変わりませんから、標準偏差と共分散の比である相関係数も変わりません。

　定数倍すると標準偏差は定数倍になるのですが、相関係数は共分散と 2 つの標準偏差の比をとっていますから、定数倍の部分がキャンセルされてしまうのです。ほんとうまく作られた指標だと思います。

相関係数が −1以上1以下 である理由

　相関係数 r は、

$$r = \frac{(x_1 - \overline{x})(y_1 - \overline{y}) + (x_2 - \overline{x})(y_2 - \overline{y}) + \cdots + (x_n - \overline{x})(y_n - \overline{y})}{\sqrt{(x_1 - \overline{x})^2 + (x_2 - \overline{x})^2 + \cdots + (x_n - \overline{x})^2}\ \sqrt{(y_1 - \overline{y})^2 + (y_2 - \overline{y})^2 + \cdots + (y_n - \overline{y})^2}}$$

で表されました。分母が 0 でなければ、つねに

$$-1 \leqq r \leqq 1 \quad \cdots\cdots ①$$

であることを説明しましょう。初めに、文字を置き換えます。

　$a_i = x_i - \overline{x}$、$b_i = y_i - \overline{y}$ とします。すると、r の式は

$$r = \frac{a_1 b_1 + \cdots + a_n b_n}{\sqrt{a_1^2 + \cdots + a_n^2}\ \sqrt{b_1^2 + \cdots + b_n^2}}$$

これを①に代入すると、証明すべき式は、

$$-1 \leqq \frac{a_1 b_1 + \cdots + a_n b_n}{\sqrt{a_1^2 + \cdots + a_n^2}\ \sqrt{b_1^2 + \cdots + b_n^2}} \leqq 1$$

さらに、

$$A = a_1^2 + \cdots + a_n^2,\ B = b_1^2 + \cdots + b_n^2$$
$$C = a_1 b_1 + \cdots + a_n b_n$$

A, Bは2乗和なので
A≧0, B≧0
ここでは、A≠0, B≠0 とする

とおきます。すると、証明すべき式は、

$$-1 \leqq \frac{C}{\sqrt{A}\ \sqrt{B}} \leqq 1 \quad \Leftrightarrow \quad \frac{C^2}{AB} \leqq 1$$

$$\Longleftrightarrow \quad AB - C^2 \geqq 0 \quad \cdots\cdots ②$$

$A > 0, B > 0$なので

と変形していくことができるので、①を示すには②を示せばよいことになります。いまここで、次のような2次関数$f(x)$を考えます。

$$\begin{aligned}
f(x) &= (a_1 x - b_1)^2 + (a_2 x - b_2)^2 + \cdots + (a_n x - b_n)^2 \\
&= a_1^2 x^2 - 2a_1 b_1 x + b_1^2 + a_2^2 x^2 - 2a_2 b_2 x + b_2^2 \\
&\qquad\qquad\qquad + \cdots + a_n^2 x^2 - 2a_n b_n x + b_n^2 \\
&= (a_1^2 + \cdots + a_n^2)x^2 - 2(a_1 b_1 + \cdots + a_n b_n)x + b_1^2 + \cdots + b_n^2 \\
&= Ax^2 - 2Cx + B
\end{aligned}$$

となります。これをさらに平方完成すると、

$$\begin{aligned}
f(x) &= A\left(x^2 - 2\frac{C}{A}x\right) + B = A\left(x - \frac{C}{A}\right)^2 - A\left(\frac{C}{A}\right)^2 + B \\
&= A\left(x - \frac{C}{A}\right)^2 - \frac{C^2}{A} + \frac{AB}{A} = A\left(x - \frac{C}{A}\right)^2 + \frac{AB - C^2}{A}
\end{aligned}$$

どんな実数も2乗すると0以上になります。$(a_i x - b_i)^2 \geqq 0$ですから、これらを足した$f(x)$はxがどんな値の場合でも0以上になります。したがって、2次関数$f(x)$の最小値も0以上です。

一方、平方完成の式を見てみると、$f(x)$の最小値は$x = \dfrac{C}{A}$のとき、$\dfrac{AB - C^2}{A}$です。$f(x)$の最小値が0以上なのでこれが0以上ですが、

$$A > 0\text{なので、}AB - C^2 \geqq 0$$

となります。②を証明することができたので、遡って相関係数が-1以上1以下であることが説明できました。

1-2 | 2つの変量の関係を直線で表すには
── 回帰直線の求め方

2 変量を持つ資料の回帰直線を求めてみましょう。

前の節で、相関係数の計算の仕方を紹介しました。ここでは、相関図の分布のトレンドを捉える道具である回帰直線を紹介しましょう。

下図のような x と y についての相関図があるとします。見たところ、右上がりで、まあ直線に近いので相関係数は 0.8 ぐらいでしょうか。

さて、この相関図の分布を1本の直線で表しなさいといわれたら、みなさんは相関図にどのような直線を描き込みますか。想像してみてください。

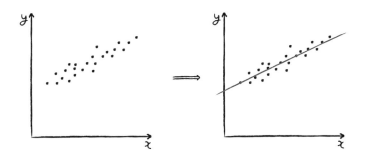

右上がりの直線で、分布の真ん中を貫く直線を描きますよね。ざっくりいうと、この直線が x と y の関係を表しているといえるわけです。こうして描いた直線は分布の趨勢を表しているいわばトレンドラインです。

しかし、このままではトレンドラインの引き方は人によりまちまちです。そこで、数学的にも妥当なトレンドラインの引き方を紹介しましょう。そのトレンドラインには**回帰直線**（regression line）という名前がついています。

　回帰直線を求める効用は、トレンドラインを引くためだけではありません。回帰直線を用いることで、資料の変量を予測したりすることができるのです。

　例えば、身長と体重の2変量を扱ったデータがあるとします。身長をx、体重をyとしましょう。このデータの回帰直線を求め、下左図のようになったとします。この回帰直線から、身長170cmの人の体重を予測することができます。データが回帰直線上に乗っているものとして、回帰直線の式で$x = 170$のとき、yの値を求めればよいのです。図より$y = 62$なので、身長170cmの人は体重が62kgであると予想できます。

　また、ある人が太り気味であるかやせ気味であるかを、回帰直線を用いることで判断することができます。

　身長、体重からある人のデータをプロットしたとき、回帰直線上にある人は標準体重であると考えるのです。

　回帰直線よりも上にあれば、標準体重よりも重いのですから「太め」、回帰直線よりも下にあれば、標準体重よりも軽いのですから「軽め」と判断すればよいのです。

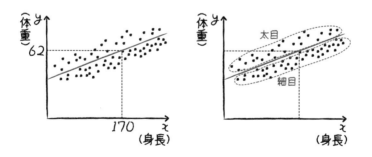

　このように2変量のデータの回帰直線を求めることを回帰分析といいます。xの値からyの値を予想すると考えて、xを説明変数、yを目的変数と呼びます。

　回帰直線の方程式を説明する前に、直線の方程式について復習しておきましょう。

　x、y を変数として、a、b を定数とします。$y = ax + b$ のように、y が x の1次式で表されるとき、$y = ax + b$ を満たす (x, y) が表す点は座標平面上で直線上にあります。$y = ax + b$ がこの直線の方程式だというわけです。

　具体的に、$y = x + 1$、$y = 2x - 1$、$y = -x + 2$ のグラフを描くと下図のようになります。

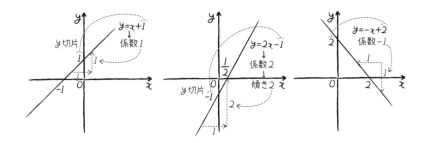

　x の係数(具体的には1、2、-1)は、直線の傾きを表します。

　傾きは、直線に沿って、x 座標を1だけ増加させたときに、y 座標がいくつ増加するかを表しています。

　x の係数が正であれば、1次式が表す直線は右上がり、

　x の係数が負であれば、1次式が表す直線は右下がりです。

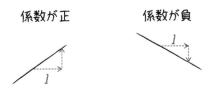

　1次式の定数項は直線と y 軸との交点の y 座標を表しています。

　y 軸上の点は x 座標が0です。ですから、例えば、$y = x + 1$ で $x = 0$

としたとき、$y = 1$になりますが、これは直線が$(0, 1)$というy軸上の点を通ることを表しています。直線は$(0,$ 定数項$)$という点を通るのです。直線とy軸の交点をy切片といいます。直線を表す式の定数項はy切片の値であるということができます。

　上に挙げた例で、傾きとy切片のことを各自確認してください。

　さて、最初に回帰直線の公式を与えてしまいましょう。

回帰直線

　2変量(x, y)を持つn個の資料が(x_1, y_1)、(x_2, y_2)、…、(x_n, y_n)であるとする。

　$\overline{x}$をxの平均、$\overline{y}$をyの平均、σ_x^2をxの分散、σ_{xy}をx、yの共分散とする。

　回帰直線の式は、

$$y = \frac{\sigma_{xy}}{\sigma_x^2}(x - \overline{x}) + \overline{y}$$

$$= \frac{\sigma_{xy}}{\sigma_x^2}x - \frac{\sigma_{xy}}{\sigma_x^2}\overline{x} + \overline{y}$$

回帰直線の傾きは、$\dfrac{\sigma_{xy}}{\sigma_x^2}$

回帰直線の y 切片は、$-\dfrac{\sigma_{xy}}{\sigma_x^2}\,\bar{x}+\bar{y}$

です。

回帰直線の式で $x=\bar{x}$ としてみましょう。すると、

$$y=\frac{\sigma_{xy}}{\sigma_x^2}(\bar{x}-\bar{x})+\bar{y}=\frac{\sigma_{xy}}{\sigma_x^2}\cdot 0+\bar{y}=\bar{y}$$

となりますね。

つまり、回帰直線は、x、y の平均 $(\bar{x},\ \bar{y})$ を通る直線であるということです。

回帰直線は、点 $(\bar{x},\ \bar{y})$ を通り、傾き $\dfrac{\sigma_{xy}}{\sigma_x^2}$ の直線なのです。

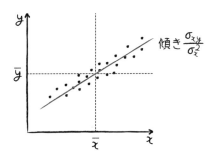

公式を使って回帰直線を実際に求めてみましょう。

算数と理科の相関図に関して回帰直線を求めてみましょう。

前の節での計算結果を用いると、

$$\bar{x}=6.8、\bar{y}=7.3、\sigma_x^2=3.36、\sigma_{xy}=2.26$$

これより、

$$y = \frac{\sigma_{xy}}{\sigma_x^{\,2}} x - \frac{\sigma_{xy}}{\sigma_x^{\,2}} \bar{x} + \bar{y}$$

$$= \frac{2.26}{3.36} x - \frac{2.26}{3.36} \cdot 6.8 + 7.3$$

回帰直線は、$y = 0.67x + 2.73$ となります。

　さてここまでで、2変量の場合の回帰直線についておおよそご理解いただけたと思います。2変量を3変量あるいはそれ以上にしても、同様の1次式を作ることができます。

　すなわち、3変量のデータ $(x_1,\ y_1,\ z_1)$、$\cdots$、$(x_n,\ y_n,\ z_n)$ から、

$$z = ax + by + c$$

という x、y の1次式を作り、x、y のときの z を予想することができるのです。

　ここで紹介したのは回帰分析の入り口です。

○回帰直線の数学的特徴と導出

　なぜ、回帰直線の式が公式で与えられた形になるのかを説明していきましょう。

　回帰直線は、数学的にどのように特徴付けられるのでしょうか。

　回帰直線は、

y 座標の差の2乗和を最小とするような直線

と特徴付けられます。

　y 座標の差とは、図示すると次のアカい線の部分の長さ(にマイナスをつけることもある)のことです。

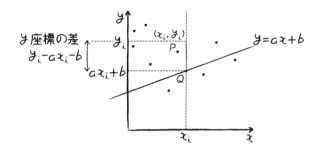

つまり、(x_i, y_i) を表す点を P とするとき、P を通り y 軸に平行な直線が直線と交わる点を Q とします。このときの PQ の長さが P と直線の"y 座標の差" を表します。

求める回帰直線の式を $y = ax + b$ とすると、Q の座標は、

$(x_i, ax_i + b)$ です。すると、

$$（\text{P、Q の } y \text{ 座標の差}）= y_i - (ax_i + b)$$

となります。これの 2 乗和を最小にする a、b が回帰直線の傾きと y 切片であるというのです。

ここから本格的な数式の導出が始まります。微分を用いる導出方法もありますが、ここではそれを避け、数 I・A を履修した人であれば理解できる平方完成を用いて導出します。それでもハードだという人は、p.326 の問題に進んでください。

y座標の差の2乗和を計算してみましょう。

$$\{y_1 - (ax_1 + b)\}^2 + \{y_2 - (ax_2 + b)\}^2 + \cdots + \{y_n - (ax_n + b)\}^2$$

$$= \{(ax_1 + b) - y_1\}^2 + \{(ax_2 + b) - y_2\}^2 + \cdots + \{(ax_n + b) - y_n\}^2$$

$$= (ax_1 + b)^2 - 2(ax_1 + b)y_1 + y_1^2$$

$$+ (ax_2 + b)^2 - 2(ax_2 + b)y_2 + y_2^2$$

$$\cdots\cdots + (ax_n + b)^2 - 2(ax_n + b)y_n + y_n^2$$

$$= a^2x_1^2 + 2abx_1 + b^2 - 2ax_1y_1 - 2by_1 + y_1^2$$

$$+ a^2x_2^2 + 2abx_2 + b^2 - 2ax_2y_2 - 2by_2 + y_2^2$$

$$\cdots\cdots$$

$$+ a^2x_n^2 + 2abx_n + b^2 - 2ax_ny_n - 2by_n + y_n^2$$

$$= a^2(x_1^2 + x_2^2 + \cdots + x_n^2) + 2ab(x_1 + x_2 + \cdots + x_n) + nb^2$$

$$- 2a(x_1y_1 + x_2y_2 + \cdots + x_ny_n) - 2b(y_1 + y_2 + \cdots + y_n)$$

$$+ y_1^2 + y_2^2 + \cdots\cdots + y_n^2 \qquad\qquad \cdots\cdots\text{①}$$

さて、ずいぶんとゴツい式ですが、注意しなければならないのは、x_i、y_iは与えられた資料の値なので、すべて具体的な数であるということです。①で、x_i、y_iからなる部分を文字で置き換えてみましょう。

$$A = x_1^2 + x_2^2 + \cdots + x_n^2、B = x_1 + x_2 + \cdots + x_n、$$

$$C = x_1y_1 + x_2y_2 + \cdots + x_ny_n、$$

$$D = y_1 + y_2 + \cdots + y_n、E = y_1^2 + y_2^2 + \cdots\cdots + y_n^2$$

とすると、

$$Aa^2 + 2abB + nb^2 - 2Ca - 2Db + E \qquad\qquad \cdots\cdots\text{②}$$

となります。この式が最小になるときを考えるわけです。

いきなり係数が文字の場合の平方完成をすると挫折しそうですから、具体的な数の場合に平方完成して式の最小値を求める方法を確認してみましょう。

問題 **3.03** a、b が動くとき、

$$14a^2 - 12ab + 3b^2 - 16a + 6b + 9$$

の最小値を求めてみましょう。

この式は a、b の 2 次式です。a、b は変数で動きます。まずは、b の 2 次式として平方完成してみましょう。

$$3b^2 - (12a - 6)b + 14a^2 - 16a + 9 \quad ← b の2次式として見た$$
$$= 3\{b^2 - 2(2a - 1)b\} + 14a^2 - 16a + 9$$
$$= 3(b - 2a + 1)^2 - 3(2a - 1)^2 + 14a^2 - 16a + 9$$
$$= 3(b - 2a + 1)^2 - 12a^2 + 12a - 3 + 14a^2 - 16a + 9$$
$$= 3(b - 2a + 1)^2 + \underline{2a^2 - 4a + 6} \quad ← b で平方完成$$
$$= 3(b - 2a + 1)^2 + 2(a^2 - 2a) + 6$$
$$= 3(b - 2a + 1)^2 + 2(a - 1)^2 - 2 + 6$$
$$= 3(b - 2a + 1)^2 + 2(a - 1)^2 + 4 \quad ← \cdots\cdots 部を平方完成$$

これは、

定数 × □² + 定数 × △² + 定数

の形になっています。

<u>波線の部分</u>は、それぞれ 2 乗に正の定数を掛けたものになっていますから、どちらも 0 以上です。つまり、

$$3(b - 2a + 1)^2 \geqq 0、2(a - 1)^2 \geqq 0 \qquad \cdots\cdots③$$

です。これを用いると、

$$3(b - 2a + 1)^2 + 2(a - 1)^2 + 4 \geqq 0 + 0 + 4 = 4 \qquad \cdots\cdots④$$

　これは、a、b がどんな数でも左辺は 4 以上になるということを表しています。

　左辺が 4 になるのは、④の式の等号が成り立つときです。④の式の等号が成り立つときは、③の式の等号が成り立つとき、つまり、

$$b - 2a + 1 = 0 \qquad a - 1 = 0$$

のときです。これを解くと、$a = 1$、$b = 1$ になります。

　与式は、$a = 1$、$b = 1$ のとき、最小値 4 をとります。

　次に②の式の最小値を求めてみましょう。最小となる a、b を求めるには、平方完成をします。

　②を b の 2 次式と見ます。

$$Aa^2 + 2abB + nb^2 - 2Ca - 2Db + E$$
$$= nb^2 + 2(aB - D)b + Aa^2 - 2Ca + E \ \leftarrow b\text{の2次式として見た}$$
$$= n\left\{ b^2 + 2\left(\frac{aB - D}{n}\right)b \right\} + Aa^2 - 2Ca + E$$
$$= n\left(b + \frac{aB - D}{n} \right)^2 - n\left(\frac{aB - D}{n} \right)^2 + Aa^2 - 2Ca + E$$
$$= n\left(b + \frac{aB - D}{n} \right)^2 - \frac{a^2B^2}{n} + 2\frac{aBD}{n} - \frac{D^2}{n} + Aa^2 - 2Ca + E$$

次に、a について平方完成します。

$$= n\left(b + \frac{aB - D}{n}\right)^2 + \left(A - \frac{B^2}{n}\right)a^2 - 2\left(C - \frac{BD}{n}\right)a - \frac{D^2}{n} + E$$

$$= n\left(b + \frac{aB - D}{n}\right)^2 + \left(\frac{nA - B^2}{n}\right)a^2 - 2\left(\frac{nC - BD}{n}\right)a - \frac{D^2}{n} + E$$

$$= n\left(b + \frac{aB - D}{n}\right)^2 + \left(\frac{nA - B^2}{n}\right)\left\{a^2 - 2\left(\frac{nC - BD}{nA - B^2}\right)a\right\} - \frac{D^2}{n} + E$$

$$= n\left(b + \frac{aB - D}{n}\right)^2 + \left(\frac{nA - B^2}{n}\right)\left(a - \frac{nC - BD}{nA - B^2}\right)^2$$

難しそうだけど
動くのは a, b だけ

$$- \left(\frac{nA - B^2}{n}\right)\left(\frac{nC - BD}{nA - B^2}\right)^2 - \frac{D^2}{n} + E \quad \cdots\cdots ⑤$$

ゴツい式ですが、a、b の2次式として見ると、その仕組みが分かります。
ここで、波線の部分は0以上になっています。

n が正の数であることは当たり前ですね。

$\dfrac{nA - B^2}{n}$ が0以上であることは、次のようにして分かります。

これに n 分の1を掛けます。

$$\frac{1}{n}\left(\frac{nA - B^2}{n}\right) = \frac{1}{n}\left(A - \frac{B^2}{n}\right) = \frac{A}{n} - \left(\frac{B}{n}\right)^2$$

$$= \frac{x_1^2 + \cdots + x_n^2}{n} - \left(\frac{x_1 + \cdots + x_n}{n}\right)^2 = \overline{x^2} - (\overline{x})^2 = \sigma_x^2$$

と分散になるので、0以上になります。

波線の部分が0以上ですから、具体的な数のときと同様に、⑤の式は0
以上になります。最小値をとるような a、b は、

$$b + \frac{aB - D}{n} = 0、\quad a - \frac{nC - BD}{nA - B^2} = 0$$

を満たす a、b があれば、⑤は最小値をとります。これは難しそうな式に見えますが、a、b についての連立1次方程式です。

a について解くと次のように式変形していきます。

$$a = \frac{nC - BD}{nA - B^2} = \frac{n^2\left(\dfrac{C}{n} - \left(\dfrac{BD}{n^2}\right)\right)}{n^2\left(\dfrac{A}{n} - \left(\dfrac{B}{n}\right)^2\right)} = \frac{\dfrac{C}{n} - \left(\dfrac{BD}{n^2}\right)}{\dfrac{A}{n} - \left(\dfrac{B}{n}\right)^2}$$

ここで、分母は上で計算したように σ_x^2 です。

分子も計算してみましょう。

$$\frac{C}{n} - \left(\frac{BD}{n^2}\right) = \frac{x_1 y_1 + \cdots + x_n y_n}{n} - \left(\frac{x_1 + \cdots + x_n}{n}\right)\left(\frac{y_1 + \cdots + y_n}{n}\right)$$

$$= \overline{xy} - \overline{x}\,\overline{y} = \sigma_{xy}$$

つまり、

$$a = \frac{\sigma_{xy}}{\sigma_x^2}$$

一方、b の方は、

$$b = \frac{D - aB}{n} = \frac{D}{n} - a\frac{B}{n} = \frac{y_1 + \cdots + y_n}{n} - a\frac{x_1 + \cdots + x_n}{n}$$

$$= \overline{y} - \frac{\sigma_{xy}}{\sigma_x^2}\overline{x}$$

つまり、回帰直線の式は

$$y = \frac{\sigma_{xy}}{\sigma_x^2}x + \overline{y} - \frac{\sigma_{xy}}{\sigma_x^2}\overline{x}$$

$$y - \overline{y} = \frac{\sigma_{xy}}{\sigma_x^2}(x - \overline{x})$$

　この回帰直線は、

　　　　y 座標の差の 2 乗和を最小とするような直線　……⑥

と特徴付けしたことから求めました。ここの y 座標のところを x 座標に
変えてもよいわけです。

　もしも、回帰直線を

　　　　x 座標の差の 2 乗和を最小とするような直線　……⑦

と特徴付けるのであれば、上の結果の x と y を入れ替えて、

$$x - \overline{x} = \frac{\sigma_{xy}}{\sigma_y^2}\,(y - \overline{y})$$

$$y - \overline{y} = \frac{\sigma_y^2}{\sigma_{xy}}\,(x - \overline{x})$$

とすることもできます。

　特に、⑥を **y の x への回帰直線**、⑦を **x の y への回帰直線**と呼び
ます。

問題 **3.04** x、yについての2変量の散布図が以下のようであるとき、回帰直線の式を求め、図に書き込んでください。また、$x = 9$のときのyの値を予想してください。

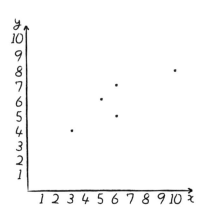

散布図から、x、yの変量を読み取ると、以下の表のようになります。

x	3	5	6	6	10
y	4	6	5	7	8

これは、p.306 の問題と同じです。

ですから、p.307 で計算したように、

$$\bar{x} = \frac{30}{5} = 6、\overline{x^2} = \frac{206}{5}、\bar{y} = \frac{30}{5} = 6、\overline{y^2} = \frac{190}{5}、\overline{xy} = \frac{194}{5}$$

となります。

これを用いて、

$$\sigma_x^{\,2} = \overline{x^2} - (\overline{x})^2 = \frac{206}{5} - 6^2 = \frac{26}{5}$$

$$\sigma_{xy} = \overline{xy} - \overline{x}\,\overline{y} = \frac{194}{5} - 6 \cdot 6 = \frac{14}{5}$$

回帰直線の公式

$$y = \frac{\sigma_{xy}}{\sigma_x^{\,2}}\,x - \frac{\sigma_{xy}}{\sigma_x^{\,2}}\,\overline{x} + \overline{y}$$

に代入すると、

$$y = \frac{\left(\dfrac{14}{5}\right)}{\left(\dfrac{26}{5}\right)}\,x - \frac{\left(\dfrac{14}{5}\right)}{\left(\dfrac{26}{5}\right)}\,6 + 6 = \frac{7}{13}\,x + 6\left(-\frac{7}{13} + 1\right)$$

よって求める直線の式は、

$$y = \frac{7}{13}\,x + \frac{36}{13} \qquad \text{つまり、}\ y = 0.538x + 2.77$$

です。

ChatGPT に命令するには、次のようにします。

「次のデータの回帰直線を求めてください。

x　3　5　5　6　10

y　4　6　5　7　8　　　　　　　　　　　　」

ChatGPT は、標本分散(5 で割る)の計算で不偏分散(4 で割る)を使います。しかし、共分散の方も 4 で割るので、答えは正しいです。

これを散布図に書きみましょう。

　　$x = 0$ のとき $y = 2.77$ で、$x = 10$ のとき $y = 8.15$ ですから、

回帰直線は $(0,\ 2.77)$ と $(10,\ 8.15)$ の点を通ります。

この2本を結ぶと次のようになります。

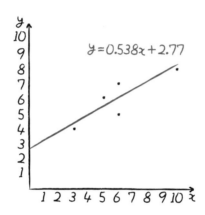

$x = 9$ を回帰直線の式に代入すると、

　　$y = 0.538 \cdot 9 + 2.77 = 7.612$

となります。$x = 9$ のときの y の値は 7.61 と予想できます。

付録 **1** エクセルで統計量を計算しよう
—— 平均・分散から確率分布表まで

エクセルを用いて

　この前の章までで、平均・分散といった統計量や正規分布や t 分布といった確率分布を多数紹介してきました。これらは、資料の数値を公式に当てはめたり、表を調べることで実際の値を知ることができました。ソフトが発達している現在、これらの計算を手計算で行なう必要はありません。定義式と意味が分かったのであれば、実際の計算はコンピュータに任せましょう。

　この節では、これらの計算を表計算ソフト「Excel（エクセル）」を用いて行なう方法を説明しておきましょう。

問題 **01**　資料の個数が 5 個で、変量の数値が

$$3、6、7、8、10$$

のとき、これらの平均、分散をエクセルで求めてみましょう。

　資料の数値を A1 から A5 のセルに書き込みます。
　次に、A6 のセルに

イコールを忘れずに
$$= \text{AVERAGE}(A1：A5)$$
；ではなくて：です

と書き込みます。すると、A6 のセルには、A1 から A5 のセルに書かれた数値の平均、6.8 が表示されます。

いま、A 列に資料の数値を並べましたが、ほかの列のどの部分に並べても構いません。また、平均値を表示するセルはどこでも構いません。

資料の分散を求めたいのであれば、上の書式において、

"AVERAGE" を "VARP" で置き換えればよいのです。

$$= VARP(A1 : A5)$$

と書き込むと、A1 から A5 のセルに書かれた数値の分散、5.36 が表示されます。

このようにして求めることができる統計量をまとめておきます。

AVERAGE	平均
MODE	最頻値、モード
STDEV	不偏分散に基づく標準偏差
STDEVP	標準偏差
VAR	不偏分散
VARP	標本分散

2つの変量を持つ資料に関する統計量、共分散であれば次のようになります。

問題 02　2つの変量を持つ資料の個数が5個で、変量の数値が

$$(3,\ 4)、(6,\ 3)、(7,\ 4)、(8,\ 5)、(10,\ 3)$$

のとき、共分散を求めてください。

また、回帰直線の式を求めてください。

例えば、下のように資料の数値をセルに打ち込みます。

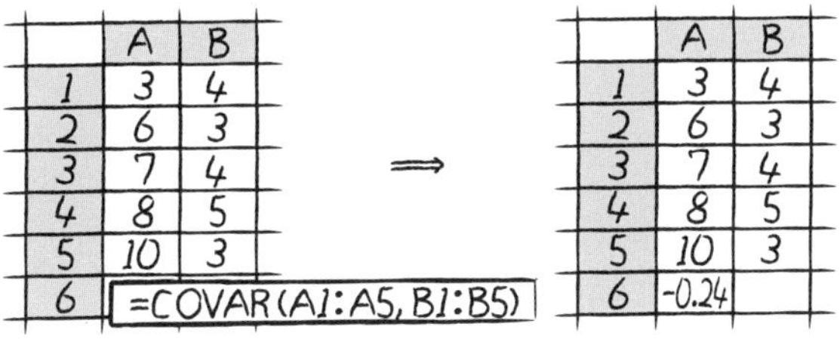

このもとで、A6のセルに

$$= \text{COVAR}(A1 : A5,\ B1 : B5)$$

と書き込みます。すると、− 0.24 が返されます。共分散は、
− 0.24 です。

Aをx、Bをyとしたときの回帰直線の式を求めるには、A6とB6を同時に選択して、A6のセルに下図のように

$$= \text{LINEST}(B1 : B5,\ A1 : A5)$$

と打ち込みます。ここで、Ctrl + Shift を押しながら Enter をクリックすると、A6に回帰直線の係数が、B6に定数項が示されます。

	A	B
1	3	4
2	6	3
3	7	4
4	8	5
5	10	3
6	=LINEST(B1:B5, A1:A5)	

Ctrl + Shift を押しながら Enter

	A	B
1	3	4
2	6	3
3	7	4
4	8	5
5	10	3
6	-0.04	4.104

このことから回帰直線の式が、$y = -0.044x + 4.104$ であることが分かります。

2つの変量を持つ資料に関する統計量についてまとめておくと、次のようになります。

COVAR　　共分散

CORREL　　相関係数

LINEST　　回帰直線

次に、確率分布の計算をエクセルで行なってみましょう。

問題 03

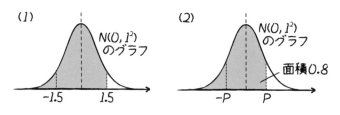

(1) $N(0, 1^2)$のグラフ　−1.5　1.5

(2) $N(0, 1^2)$のグラフ　面積0.8　−P　P

アカい部分の面積を求めてください。　　p の値を求めてください。

（1）　セルに、

$$= \text{NORMSDIST}(1.5)$$

と打ち込みます。すると、

$$0.933193$$

がセルに表示されます。面積は 0.933193 です。

　標準正規分布表では、グラフの正の部分（右半分）の面積が書かれていましたが、この関数が返してくる値は、両側の部分の面積です。

（2）　セルに、

$$= \text{NORMSINV}(0.8)$$

と打ち込みます。すると、

$$0.841621234$$

がセルに表示されます。$p = 0.841621234$ です。

　自由度がある確率分布については次のようにします。

問題 04

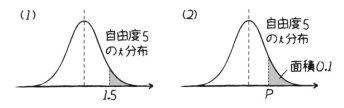

(1)	(2)
自由度5のt分布	自由度5のt分布　面積0.1
1.5	P

アカい部分の面積を求めてください。　　p の値を求めてください。

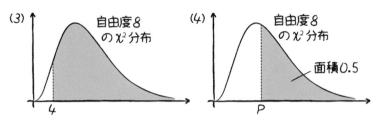

(3) アカい部分の面積を求めてください。　(4) p の値を求めてください。

---

(1) セルに　＝ TDIST(1.5, 5, 1)　と打ち込みます。すると、0.09695184 が返ってきます。面積は 0.09695184 です。ここで、最後の 1 は片側分布であることを表します。ここを 2 にすると、両側分布のときの面積の値、つまり 2 倍の値が返ってきます。

(2) セルに　＝ TINV(0.1, 5)　と打ち込みます。すると、2.015048372 が返ってきます。$p = 2.015048372$ です。

(3) セルに　＝ CHIDIST(4, 8)　と打ち込みます。すると、0.85712346 が返ってきます。面積は 0.85712346 です。

(2) セルに　＝ CHIINV(0.5, 8)　と打ち込みます。すると、7.344121629 が返ってきます。$p = 7.344121629$ です。

自由度が 2 つある F 分布の場合は次のようになります。

問題 05

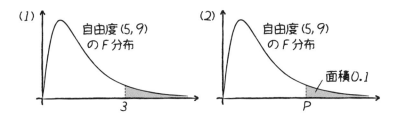

アカい部分の面積を求めてください。　　p の値を求めてください。

(1)　= FDIST（3, 5, 9）　と打ち込むと、

0.072497901 となります。面積は 0.072497901 です。

(2)　= FINV（0.1, 5, 9）　と打ち込むと、

2.61061255 となります。$p = 2.61061255$ です。

確率分布の関数について、まとめておくと次のようになります。

NORMSDIST	標準正規分布で両側分布の面積を求める。
NORMSINV	標準正規分布で両側分布の p の値を求める。
TDIST	t 分布の面積を求める。
TINV	t 分布で面積が与えられたときの p の値を求める。
CHIDIST	χ^2 分布の面積を求める。
CHIINV	χ^2 分布で面積が与えられたときの p の値を求める。
FDIST	F 分布の面積を求める。
FINV	F 分布で面積が与えられたときの p の値を求める。

　これらが分かったところで、本文中に出てきた計算をエクセルで検算してみると、よい手慣らしになるでしょう。

付録 2　分布表

●標準正規分布表

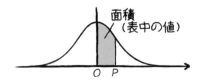

P	0.00	0.01	0.02	0.03	0.04	0.05	0.06	0.07	0.08	0.09
0.0	.0000	.0040	.0080	.0120	.0160	.0199	.0239	.0279	.0319	.0359
0.1	.0398	.0438	.0478	.0517	.0557	.0596	.0636	.0675	.0714	.0753
0.2	.0793	.0832	.0871	.0910	.0948	.0987	.1026	.1064	.1103	.1141
0.3	.1179	.1217	.1255	.1293	.1331	.1368	.1406	.1443	.1480	.1517
0.4	.1554	.1591	.1628	.1664	.1700	.1736	.1772	.1808	.1844	.1879
0.5	.1915	.1950	.1985	.2019	.2054	.2088	.2123	.2157	.2190	.2224
0.6	.2257	.2291	.2324	.2357	.2389	.2422	.2454	.2486	.2517	.2549
0.7	.2580	.2611	.2642	.2673	.2704	.2734	.2764	.2794	.2823	.2852
0.8	.2881	.2910	.2939	.2967	.2995	.3023	.3051	.3078	.3106	.3133
0.9	.3159	.3186	.3212	.3238	.3264	.3289	.3315	.3340	.3365	.3389
1.0	.3413	.3438	.3461	.3485	.3508	.3531	.3554	.3577	.3599	.3621
1.1	.3643	.3665	.3686	.3708	.3729	.3749	.3770	.3790	.3810	.3830
1.2	.3849	.3869	.3888	.3907	.3925	.3944	.3962	.3980	.3997	.4015
1.3	.4032	.4049	.4066	.4082	.4099	.4115	.4131	.4147	.4162	.4177
1.4	.4192	.4207	.4222	.4236	.4251	.4265	.4279	.4292	.4306	.4319
1.5	.4332	.4345	.4357	.4370	.4382	.4394	.4406	.4418	.4429	.4441
1.6	.4452	.4463	.4474	.4484	.4495	.4505	.4515	.4525	.4535	.4545
1.7	.4554	.4564	.4573	.4582	.4591	.4599	.4608	.4616	.4625	.4633
1.8	.4641	.4649	.4656	.4664	.4671	.4678	.4686	.4693	.4699	.4706
1.9	.4713	.4719	.4726	.4732	.4738	.4744	.4750	.4756	.4761	.4767
2.0	.4772	.4778	.4783	.4788	.4793	.4798	.4803	.4808	.4812	.4817
2.1	.4821	.4826	.4830	.4834	.4838	.4842	.4846	.4850	.4854	.4857
2.2	.4861	.4864	.4868	.4871	.4875	.4878	.4881	.4884	.4887	.4890
2.3	.4893	.4896	.4898	.4901	.4904	.4906	.4909	.4911	.4913	.4916
2.4	.4918	.4920	.4922	.4925	.4927	.4929	.4931	.4932	.4934	.4936
2.5	.4938	.4940	.4941	.4943	.4945	.4946	.4948	.4949	.4951	.4952
2.6	.4953	.4955	.4956	.4957	.4959	.4960	.4961	.4962	.4963	.4964
2.7	.4965	.4966	.4967	.4968	.4969	.4970	.4971	.4972	.4973	.4974
2.8	.4974	.4975	.4976	.4977	.4977	.4978	.4979	.4979	.4980	.4981
2.9	.4981	.4982	.4982	.4983	.4984	.4984	.4985	.4985	.4986	.4986
3.0	.4987	.4987	.4987	.4988	.4988	.4989	.4989	.4989	.4990	.4990
3.1	.4990	.4991	.4991	.4991	.4992	.4992	.4992	.4992	.4993	.4993
3.2	.4993	.4993	.4994	.4994	.4994	.4994	.4994	.4995	.4995	.4995
3.3	.4995	.4995	.4995	.4996	.4996	.4996	.4996	.4996	.4996	.4997
3.4	.4997	.4997	.4997	.4997	.4997	.4997	.4997	.4997	.4997	.4998
3.5	.4998	.4998	.4998	.4998	.4998	.4998	.4998	.4998	.4998	.4998
3.6	.4998	.4998	.4999	.4999	.4999	.4999	.4999	.4999	.4999	.4999
3.7	.4999	.4999	.4999	.4999	.4999	.4999	.4999	.4999	.4999	.4999

● F 分布の 2.5 パーセント点

自由度
($\alpha = 0.025$)

m n	1	2	3	4	5	6	7	8	9	10	11	12	15	20
1	647.8	799.5	864.2	899.6	921.8	937.1	948.2	956.7	963.3	968.6	973.0	976.7	984.9	993.1
2	38.51	39.00	39.17	39.25	39.30	39.33	39.36	39.37	39.39	39.40	39.41	39.41	39.43	39.45
3	17.44	16.04	15.44	15.10	14.88	14.73	14.62	14.54	14.47	14.42	14.37	14.34	14.25	14.17
4	12.22	10.65	9.98	9.60	9.36	9.20	9.07	8.98	8.90	8.84	8.79	8.75	8.66	8.56
5	10.01	8.43	7.76	7.39	7.15	6.98	6.85	6.76	6.68	6.62	6.57	6.52	6.43	6.33
6	8.81	7.26	6.60	6.23	5.99	5.82	5.70	5.60	5.52	5.46	5.41	5.37	5.27	5.17
7	8.07	6.54	5.89	5.52	5.29	5.12	4.99	4.90	4.82	4.76	4.71	4.67	4.57	4.47
8	7.57	6.06	5.42	5.05	4.82	4.65	4.53	4.43	4.36	4.30	4.24	4.20	4.10	4.00
9	7.21	5.71	5.08	4.72	4.48	4.32	4.20	4.10	4.03	3.96	3.91	3.87	3.77	3.67
10	6.94	5.46	4.83	4.47	4.24	4.07	3.95	3.85	3.78	3.72	3.66	3.62	3.52	3.42
11	6.72	5.26	4.63	4.28	4.04	3.88	3.76	3.66	3.59	3.53	3.47	3.43	3.33	3.23
12	6.55	5.10	4.47	4.12	3.89	3.73	3.61	3.51	3.44	3.37	3.32	3.28	3.18	3.07
13	6.41	4.97	4.35	4.00	3.77	3.60	3.48	3.39	3.31	3.25	3.20	3.15	3.05	2.95
14	6.30	4.86	4.24	3.89	3.66	3.50	3.38	3.29	3.21	3.15	3.09	3.05	2.95	2.84
15	6.20	4.77	4.15	3.80	3.58	3.41	3.29	3.20	3.12	3.06	3.01	2.96	2.86	2.76
16	6.12	4.69	4.08	3.73	3.50	3.34	3.22	3.12	3.05	2.99	2.93	2.89	2.79	2.68
17	6.04	4.62	4.01	3.66	3.44	3.28	3.16	3.06	2.98	2.92	2.87	2.82	2.72	2.62
18	5.98	4.56	3.95	3.61	3.38	3.22	3.10	3.01	2.93	2.87	2.81	2.77	2.67	2.56
19	5.92	4.51	3.90	3.56	3.33	3.17	3.05	2.96	2.88	2.82	2.76	2.72	2.62	2.51
20	5.87	4.46	3.86	3.51	3.29	3.13	3.01	2.91	2.84	2.77	2.72	2.68	2.57	2.46
21	5.83	4.42	3.82	3.48	3.25	3.09	2.97	2.87	2.80	2.73	2.68	2.64	2.53	2.42
22	5.79	4.38	3.78	3.44	3.22	3.05	2.93	2.84	2.76	2.70	2.65	2.60	2.50	2.39
23	5.75	4.35	3.75	3.41	3.18	3.02	2.90	2.81	2.73	2.67	2.62	2.57	2.47	2.36
24	5.72	4.32	3.72	3.38	3.15	2.99	2.87	2.78	2.70	2.64	2.59	2.54	2.44	2.33
25	5.69	4.29	3.69	3.35	3.13	2.97	2.85	2.75	2.68	2.61	2.56	2.51	2.41	2.30

● t 分布のパーセント点

n＼α	0.050	0.025	0.010	0.005
1	6.314	12.706	31.821	63.657
2	2.920	4.303	6.965	9.925
3	2.353	3.182	4.541	5.841
4	2.132	2.776	3.747	4.604
5	2.015	2.571	3.365	4.032
6	1.943	2.447	3.143	3.707
7	1.895	2.365	2.998	3.499
8	1.860	2.306	2.896	3.355
9	1.833	2.262	2.821	3.250
10	1.812	2.228	2.764	3.169
11	1.796	2.201	2.718	3.106
12	1.782	2.179	2.681	3.055
13	1.771	2.160	2.650	3.012
14	1.761	2.145	2.624	2.977
15	1.753	2.131	2.602	2.947
16	1.746	2.120	2.583	2.921
17	1.740	2.110	2.567	2.898
18	1.734	2.101	2.552	2.878
19	1.729	2.093	2.539	2.861
20	1.725	2.086	2.528	2.845
21	1.721	2.080	2.518	2.831
22	1.717	2.074	2.508	2.819
23	1.714	2.069	2.500	2.807
24	1.711	2.064	2.492	2.797
25	1.708	2.060	2.485	2.787
26	1.706	2.056	2.479	2.779
27	1.703	2.052	2.473	2.771
28	1.701	2.048	2.467	2.763
29	1.699	2.045	2.462	2.756
30	1.697	2.042	2.457	2.750
40	1.684	2.021	2.423	2.704
60	1.671	2.000	2.390	2.660
120	1.658	1.980	2.358	2.617
∞	1.645	1.960	2.326	2.576

● χ^2分布のパーセント点

α（面積）

（表中の値）

n ＼ α	0.995	0.990	0.975	0.950	0.050	0.025	0.010	0.005
1	0.0^439	0.0^316	0.0^398	0.004	3.84	5.02	6.63	7.88
2	0.010	0.020	0.051	0.103	5.99	7.38	9.21	10.60
3	0.072	0.115	0.216	0.352	7.81	9.35	11.34	12.84
4	0.207	0.297	0.484	0.711	9.49	11.14	13.28	14.86
5	0.412	0.554	0.831	1.145	11.07	12.83	15.08	16.75
6	0.676	0.872	1.237	1.635	12.59	14.45	16.81	18.55
7	0.989	1.239	1.690	2.17	14.07	16.01	18.48	20.3
8	1.344	1.646	2.18	2.73	15.51	17.53	20.1	22.0
9	1.736	2.09	2.70	3.33	16.92	19.02	21.7	23.6
10	2.16	2.56	3.25	3.94	18.31	20.5	23.2	25.2
11	2.60	3.05	3.82	4.57	19.68	21.9	24.7	26.7
12	3.07	3.57	4.40	5.23	21.0	23.3	26.2	28.3
13	3.57	4.11	5.01	5.89	22.4	24.7	27.7	29.8
14	4.07	4.66	5.63	6.57	23.7	26.1	29.1	31.3
15	4.60	5.23	6.26	7.26	25.0	27.5	30.6	32.8
16	5.14	5.81	6.91	7.96	26.3	28.8	32.0	34.3
17	5.70	6.41	7.56	8.67	27.6	30.2	33.4	35.7
18	6.26	7.01	8.23	9.39	28.9	31.5	34.8	37.2
19	6.84	7.63	8.91	10.12	20.1	32.9	36.2	38.6
20	7.43	8.26	9.59	10.85	31.4	34.2	37.6	40.0
21	8.03	8.90	10.28	11.59	32.7	35.5	38.9	41.4
22	8.64	9.54	10.98	12.34	33.9	36.8	40.3	42.8
23	9.26	10.20	11.69	13.09	35.2	38.1	41.6	44.2
24	9.89	10.86	12.40	13.85	36.4	39.4	43.0	45.6
25	10.52	11.52	13.12	14.61	37.7	40.6	44.3	46.9
26	11.16	12.20	13.84	15.38	38.9	41.9	45.6	48.3
27	11.81	12.88	14.57	16.15	40.1	43.2	47.0	49.6
28	12.46	13.56	15.31	16.93	41.3	44.5	48.3	51.0
29	13.12	14.26	16.05	17.71	42.6	45.7	49.6	52.3
30	13.79	14.95	16.79	18.49	43.8	47.0	50.9	53.7
40	20.7	22.2	24.4	26.5	55.8	59.3	63.7	66.8
60	35.7	37.5	40.5	43.2	79.1	83.3	88.4	92.0
120	83.9	86.9	91.6	95.7	146.6	152.2	159.0	163.6
240	187.3	192.0	199.0	205.1	277.1	284.8	293.9	300.2

▲注　たとえば、$0.0^439 = 0.00039$

付録3　さらに学びたい人のためのブックガイド

　最後までお読みいただきありがとうございました。

　さらに統計学を学びたい方のため、また統計学を使い倒していきたいとお考えの方に向けて、参考書を紹介いたします。

　文章中、本書と書いた場合には、

　『全面改訂版　まずはこの一冊　意味がわかる統計学』

を指すものとします。

　気楽に読める統計関係の書籍から紹介していきましょう。

〔1〕『**統計データはおもしろい！**』　本川裕（技術評論社）

　本書の3章で紹介した相関図の具体例がたくさん出ています。そして、その相関図を見ながら分析を加えていきます。「太りすぎはどれくらい命を縮めるか？」「花粉症が多いのはスギばやしが多いからか？」など、節の見出しを見ただけでも興味深い論件が並べられています。

〔2〕『**統計学を拓いた異才たち**』
　　　　デイヴィッド・ザルツブルグ著　　　竹内惠行／熊谷悦生訳
　　　　　　　　　　　　　　　　　　　　（日経BPマーケティング）

　統計学に貢献した人たちについて書かれた本です。本書で扱った専門用語は出てきますが、数式は一切現れません。t 分布を発見したステューデントの正体が明かされています。まあ、他の本でも書かれていますが…。他、χ^2 乗分、F 分布の発見に至るまでの経緯、それから先の統計学の発展に携わった人たちのことが書かれています。この本を読むと、統計学は数学の一分野ではあるけれど、産業発展の要請で進んできた実学であることがよくわかります。その発展に寄与した人には、在野の人が多いのです。

　この本にあるエピソードを手際よくまとめたコラムを書こうと考えました
が、下らないページ稼ぎは止めて元ネタ本を紹介することにしました。

〔3〕『**その数学が戦略を決める**』イアン・エアーズ著　山形浩生訳（文春文庫）
　本書の３章で回帰分析の初歩を紹介しました。xを説明変数、yを目的
変数とする単回帰分析です。これに対して、説明変数を２個以上にした回
帰分析を重回帰分析といいます。この本では、重回帰分析が社会で役立っ
ている例が数多く紹介されています。
　例えば、冬の降雨量、育成期の平均気温、収穫期の降雨量などからワイ
ンの価格を算出する場面や、アマゾンが顧客の購買行動を分析する際の手
法、出会い系サイトで相性の高い人を算出する際のアプローチなど、様々
な現実の事例を通じて重回帰分析の有用性が具体的に示されています。
　この本を読むと、統計学がどう使われているかを知ることができます。
社会に役立っている学問でないと勉強する気が起きない人でも、統計学を
勉強するモチベーションが上がるでしょう。縦書きで数式はありません。

〔4〕『**統計の９割はウソ：世界にはびこる「数字トリック」を見破る技術**』
　　竹内薫（徳間書店）
　本書の１章４節３項で、検定結果が判断ミスを起こすときを紹介しまし
た。そもそも、統計学的に有意といっても絶対ではないわけです。さらに、
統計を使って人を欺こうとする人や無知で誤った使い方をする人もいるの
で、統計結果を解釈するには用心してかかる必要があります。統計学の論
理自体は正しいですが、標本の取り方が適切ではなく、データがミスリー
ドしてしまうことも多々あります。この本ではそのような例を多く挙げて
くれています。前提を疑わずに統計学を過信妄信してしまう人は、この本
を読んで冷静になるとよいでしょう。

　お勉強系の本をいくつか。

〔5〕『1冊でマスター 大学の統計学』　石井俊全（技術評論社）

　統計学の講義を取る大学生に向けて書かれた本です。講義編と演習編に分かれています。

　講義編では、本書では扱うことができなかった確率分布も紹介しています。また、本書では事実しか紹介できなかった、2群の差の検定、分散分析などについても証明付き解説しています。

　本書ではp.57で、標準正規分布の確率密度関数の式を紹介しました。なぜ、このような式になるのか疑問を持たれた方はいらっしゃいませんか。正規分布は統計学で一番重要な分布ですが、これだけ多くの統計学の本が出版されているにもかかわらず、正規分布の式を導出している本を見たことがありません。この本では、正規分布の式の導出が書かれています。確率・統計の数学的背景をしっかりとつかみたい人には最適の本です。

〔6〕『確率と統計の基礎』　宿久 洋／村上 享／原 恭彦（ミネルヴァ書房）

　ⅠとⅡの分冊になっています。文系の出版社なので日本語で語り倒す統計学の本かと思いきや、意外にもしっかりと定義・証明が書かれていますし、書かれていない部分については、他書の参照箇所を示してくれています。本書では区間推定の式を紹介しただけでしたが、この本では区間推定の式を導く前提までしっかりと説明されていて本格的です。〔5〕とほぼ同じ範囲を扱っていますが、それぞれの項目について深く論じています。

〔7〕『統計学大百科事典 仕事で使う公式・定理・ルール113』
　　　石井俊全（翔泳社）

　見開き2ページで1項目を解説するスタイルで読みやすいです。証明は書いてありませんが、〔6〕よりも多くをカバーしています。電子書籍の方が売れています。統計学のユーザーが用語の意味を確認するときに使っているようです。

〔8〕『まずはこの一冊から　意味がわかる多変量解析』石井俊全（ベレ出版）

　本書では2変量のデータまでしか扱いませんでしたが、変量を多くして分析するのが多変量解析です。多変量解析は、複数の変数が同時に影響を与える複雑な現象やシステムを理解するための統計手法です。実際、社会において幅広い分野で役立っているのは、2変量のデータではなく、多変量のデータです。もちろん、ビッグデータの解析も多変量解析の手法を用いています。多変量解析により、複数の相互作用やパターンを同時に考慮することで、より深い洞察を得ることが可能になるのです。

　この本では、多変量解析がブラックボックスにならないように、実例に基づいて多変量解析が行なっている計算について、その式と意味について解説しています。

　本格的な多変量解析の本を読む前に読むとよいでしょう。この本を入り口にして多変量解析へ進むことをお勧めします。

〔9〕『ノンパラメトリック法』村上秀俊（朝倉書店）

　2群の差のt検定および分散分析は、検定の中で幅広く使用され、特に自然科学の領域において大きな貢献をしてきました。しかし、これらの手法は主に量的データに焦点を当てており、アンケート結果など質的データの処理には適していません。一方で、ノンパラメトリック検定は質的データにも適用可能であり、社会科学のアンケート調査などで広く活用されています。

　社会科学においてノンパラメトリック検定が有用である一方で、その手法に関する詳細な解説書は限られています。検定統計量の作成方法に関するわかりやすい情報が不足しているのが現状です。この本は、ノンパラメトリック検定に焦点を当て、検定統計量の作成過程を詳細かつ分かりやすく解説しています。質的データに基づく差の検定や分散分析の手法について、読者が理解しやすい形で示しているので、社会科学の研究者や統計学の学習者にとって有益な情報源となることでしょう。

　本書の p.109 で紹介された、マン・ホイットニーの U 検定、符号検定、ウィルコクソンの順位和検定、クラスカル・ウォリス検定、フリードマン検定についても説明されています。なお、これらは〔7〕でも簡潔に紹介されています。

〔10〕R 統計解析パーフェクトマスター　金城俊哉（秀和システム）

　R 言語は、統計処理に適したオープンソースのプログラム言語です。回帰分析など多変量解析なども実装されていて 1 つの命令で書くことができ有用です。

　前半では、ソフトのインストールから初めて、データの扱い方、平均・中央値・最頻値、分散・標準偏差、ヒストグラムの描き方など、基本から丁寧に説明されています。後半では、基本を踏まえて、独立性の検定、2 群の差の検定、分散分析、クラスター分析などの手法について、分析についての簡単な解説とともに、入力の仕方が示されます。この本の良いところは、ソースコードだけでなく、分析の仕組みまでしっかりと説明されているところです。他の本を参照しなくてもこの本だけで仕組みと実装を学ぶことができます。その分、書籍は分厚くて大きいですが十分おつりが来ます。カラーで印刷されていて入力の様子が分かりやすいです。最後の章では機械学習・サポートベクターマシンまで扱っています。

　統計検定に関心がある人に向けて説明します。

　統計検定は、日本統計学会が主催する統計学の実力を測る検定試験です。1 級から 4 級まであり、2 級から 4 級までは CBT（パソコンを用いたコンピュータテスト）方式で行なわれており、通年で受験できます。

　ざっくり、3 級は高校数学で習う統計学の項目、2 級は大学で統計学の講義を取ったら習う項目を扱っているといえるでしょう。私が思うに、統計検定 2 級を持っているか否かが、統計学を理解してソフトを用いることができているかの試金石です。本書を読破した方は、統計検定 2 級に挑戦してみるとよいでしょう。しかし、すみません。本書は 3 級で出題される

範囲はほぼカバーしていますが、2級には少し足りません。

　本書に足りない2級の項目は、尖度・歪度、時系列データの処理、ベイズの定理、標本調査の方法（層化分析法など）、フィッシャーの3原則、幾何分布、推定量の一致性・不偏性、単回帰分析・重回帰分析のソフトによる統計処理の結果の読み取り方などです。2級を受験する方は、これらの項目を各自でフォローしていただくことになります。

　また、2級を受験する方で高校のとき数学を選択しなかった方は、高校の選択科目の数学で学習する、指数法則、対数、確率、積分、極限もかじっておかなければなりません。統計検定の問題を解くためには、これらの項目の知識のうちほんの一部で足りるのですが、それだけを選んで学習することは独学ではやりづらいでしょう。検定2級の範囲を過不足なくカバーし、数学未修者のために必要な項目を補習してくれる使い勝手の良い書籍があるとよいのですが、今のところ見当たりません。

　試験対策としては、認定教科書である〔11〕を用いて試験範囲を確認し、〔12〕で過去問にあたり、分からないことがあれば調べるという正攻法しかありません。特に、試験問題の中には、統計ソフトを用いた結果を読み取る問題があります。これは問題の中でこなしていくしかありません。独学に自信がない方、効率よく検定に合格したい方は、検定2級の対策講座を探してみるとよいかもしれません。ちなみに、大人のための数学教室「和」でも、2級の対策講座があるようです。

〔11〕『**日本統計学会公式認定　統計検定2級対応　統計学基礎**』
　　　　日本統計学会　編（東京図書）

〔12〕『**日本統計学会公式認定　統計検定2級対応　公式問題集**
　　　　[CBT対応版]』（実務教育出版）

おわりに

　この本を執筆するに至った経緯と、ぼくが思っているところの運命論を紹介したいと思います。

　きっかけは、ぼくが講師をしている " 大人のための数学教室「和」" で、数学に不慣れな人に向けて、この本の内容にもなっている検定・推定を講義したことに始まります。ちょうど前著『まずはこの一冊から　意味がわかる線形代数』（以下、前著）の見本本ができた頃のことです。実は、この講義、生徒の方にご満足いただくことができず、見事に大失敗だったんです。ぼくが「和」で講師を続けていく根源的な意味を問い直…、いや、それほど深刻でもなかったんですが、ちょっと落ち込みました。

　このとき、ぼくは何とかして、検定・推定の内容を、数学に不慣れな人にも理解してもらえるように説明したい、と切に願いました。そして、統計の本を読み漁り、いかにして検定・推定のエッセンスを数式なしで伝えるかについて、考え抜きました。こうして完成されたコンテンツが、この本の１章の内容になっています。

　前著が書店に並んでホッとしているころ、ベレ出版の坂東氏から、またベレ出版で執筆してくださいとのお話がありました。多分、社交辞令だったと思います。でも、ぼくは検定・推定のことを伝えたいという強固な意志がありましたから、ワカメにフネ、渡りに船とばかりに、その社交辞令に飛びついたんです。ぼくの方から、「意味がわかるシリーズ」のラインナップに統計学を加えることを提案させていただきました。

　幸い前著は、ベレ出版営業部の方たちの地道なご努力と書店員さんたちのご好意によって、多くの書店で平積み（本を水平にして積み上げること）or 面陳（表紙を見せて書棚に陳列すること）されております。全国を飛び回っていらっしゃるベレ出版の営業の方にはホントに頭が下がります。

　今回も、前著と同じスタッフで進めることができました。図版は溜池氏にお願いしました。コンピュータで描いた分布のグラフを手書きでなぞっていただいたので、ひと味あるグラフになっていると思います。組版は、

WAVE の清水氏です。前回にもまして、素敵なデザインの紙面を作っていただきました。前回、校正から入っていただいた小山氏には、今回は下読みの段階からお世話になりました。読みづらい原稿のうちから、有益なご意見をいただくことができ、よい作り込みができました。そして、編集担当は、あの「語りかける数学」を世に出した坂東氏です。ですから、この本が売れなかったら、すべてぼくのコンテンツが不足だったせいです。

　今回も、頼もしく強力なスタッフに恵まれて仕事ができて幸せです。ほんとうにありがとうございました。

　そして、他社での仕事を見逃していてくれている東京出版社主、黒木美左雄氏の太っ腹に感謝です。本業でお返しして、札束でもっと太っ腹になってほしいと思います。また、"大人のための数学教室「和」"の堀口代表にはこの本のヒントになる得難い経験をさせていただいたことを、平山先生には校正を手伝っていただいたことを感謝いたします。

　そうそう、運命論の方の話です。

　ぼくが常日頃感じている運命感を数学でモデル化すると次のようになります。

　ちょっと乱暴ですが、人の状態を数直線上の数値で表すことにします。人の状態とはなんとも曖昧な言葉ですが、幸福度、ステイタス、健康度、資産、…などのどれかと考えてもよいでしょうし、これらを総合して作った新しい指数と考えてもよいでしょう。

　そして、数値で表された人は、時間が進むに従って、数直線の上をふらふらと動いていくのです。その動きは、数直線上を這うようにして動き、のみのように飛んだりはできません。

　例えば、いま、5 のところにいる人は、10 年後には、およそ 3 から 7 までの範囲に大体いるでしょう。3 から 7 のどこに行くかは確率的です。5 の近くにいる確率が一番高く、5 から離れるにしたがってその確率は小さくなります。ちょうど正規分布になっているんだと思います。

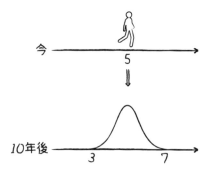

　ところで、p.195では、正規分布を目の当たりする例として、パチンコ玉が台を転がるときを出しました。パチンコ玉は、釘に当たるごとに2分の1の確率で右か左かの進路を選びます。人もパチンコ玉と同じように時の坂を転げ落ちていくわけです。ただ、人がパチンコ玉と異なるのは、意思を持っていることです。パチンコ玉には意思がありませんから、右と左を2分の1の確率で選びます。しかし、人はその意思と行動によって、右の方に進む確率を2分の1より少し大きくすることができると思うんです。天から与えられたデフォルトは確率2分の1ですが、これを努力によって書き換えることができると思うんです。もちろん逆に、自分を信じることをせず自暴自棄になって努力を怠れば、左の方に進む確率を2分の1より高めることになります。

　生まれた時点での運不運というのは、数直線上のどこから出発するかということに対応します。5から出発する人もいれば、10から出発する人もいるでしょう。たとえ5から出発した人でも、右へ行く確率を2分の1より大きくなるような心がけで日々を積み重ねていけば、10から出発した人で2分の1の確率に甘んじている人よりも大きい値を得ることができるのです。

　ですから、ぼくらの生きている意味は、デフォルトの2分の1の確率を少しでも右へ行く確率が大きくなるように、向上心を持って努力していくことだと思います。おそらく。

　数直線上を左右に2分の1ずつの確率で進む二項分布のモデルを極限に

もっていくと、正規分布になりました。右に３分の２の確率で進み、左に３分の１の確率で進む二項分布のモデルでも、極限にもっていくと正規分布になります（ラプラスの定理）。いずれにしろ正規分布なんです。

　運命とは、正規分布で表されるんですね。右へ行く確率を２分の１よりも大きくすることで、その正規分布のベル形を右へずらしていくことが、人生の意義なのだと考えます。

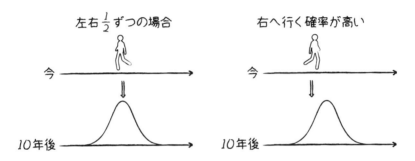

　正規分布のモデルなんか使わないでも、そんなことはわかってるよ〜。まあ、そうですね。

　なお、正規分布は、この本の１章で紹介し、２章で詳説した概念です。あとがきだけを本屋で立ち読みしている人は、本書を買って本文をよく読んだあと、またあとがきを読み直してください。

　運命を達観することができ、人生が開けます。

石井俊全

さくいん

著者紹介

石井 俊全（いしい・としあき）

1965 年、東京生まれ。
東京大学建築学科卒、東京工業大学数学科修士課程卒。
大人のための数学教室「和」講師。
書籍編集の傍ら、中学受験算数、大学受験数学、数検受験数学から、多変量解析のための
線形代数、アクチュアリー数学、確率・統計、金融工学（ブラックショールズの公式）に
至るまで、幅広い分野を算数・数学が苦手な人に向けて講義をしている。

著書
『中学入試 計算名人免許皆伝』（東京出版）
『1 冊でマスター 大学の微分積分』（技術評論社）
『まずはこの一冊から意味がわかる線形代数』
『まずはこの一冊から意味がわかる多変量解析』
『ガロア理論の頂を踏む』
『一般相対性理論を一歩一歩数式で理解する』（いずれもベレ出版）

◉── カバーデザイン　　都井 美穂子
◉── DTP　　　　　　　WAVE 清水 康広
◉── 図版　　　　　　　溜池 省三
◉── 校正　　　　　　　小山 拓輝

全面改訂版 まずはこの一冊から 意味がわかる統計学
（いっさつ）（いみ）（とうけいがく）

| 2024 年 3 月 25 日 | 初版発行 |
| 2024 年 6 月 6 日 | 第 2 刷発行 |

著者	**石井 俊全**（いしい としあき）
発行者	内田 真介
発行・発売	ベレ出版
	〒162-0832　東京都新宿区岩戸町12 レベッカビル
	TEL.03-5225-4790　FAX.03-5225-4795
	ホームページ　https://www.beret.co.jp/
印刷	モリモト印刷株式会社
製本	根本製本株式会社

ISBN 978-4-86064-759-9 C2041　　　　　　　　　　編集担当　坂東一郎